Couverture : Raffinerie - Chute d'eau - Gaz - Représentation de l'atome - Éolienne
Page 1 : Vue aérienne d'un embouteillage en Californie (États-Unis).
Page 3 : Manœuvre des vannes, exploitation pétrolière, Mexique.
Page 4-5 : Installation de panneaux solaires dans un village de Mauritanie.

DANS LA MÊME COLLECTION

L'alimentation dans le monde (Jean-Paul Charvet)
L'eau dans le monde (Yves Lacoste)
La mondialisation (Bernard Guillochon)
Le développement durable (Loïc Chauveau)
La Chine nouvelle (Cyrille J.-D. Javary et Alain Wang)
La nouvelle géopolitique (François Géré)
Les religions d'aujourd'hui (Dennis Gira et Jean-Luc Pouthier)
Les mondes de l'islam (Pascal Buresi)
Le patrimoine mondial (Gérard Denizeau)
Histoire de l'économie (Pierre Bezbakh)
Les États-Unis aujourd'hui (Jacques Portes)
La population du monde (Catherine Rollet)

PETITE ENCYCLOPÉDIE
LAROUSSE

Édition
Véronique Tahon

Mise en page
Natacha Marmouget

Illustrations
Cartographie
Légendes Cartographie

Fabrication
Martine Toudert

Photogravure
PPC

ISBN : 978-2-03-586382-9

Ludovic Mons

Les enjeux de l'énergie

Pétrole, nucléaire, et après ?

PETITE ENCYCLOPÉDIE

LAROUSSE

Sommaire

Avant-propos 7

Le bilan énergétique mondial **8**

Définitions : de quelle énergie parle-t-on ? 10
Géographie mondiale de l'énergie 12
La consommation d'énergie par zones géographiques 14
La consommation d'énergie, critère de l'inégalité 18
Les utilisations de l'énergie primaire 21
Gérer le court et le long termes 23

Un siècle d'énergie **24**

L'histoire tumultueuse de l'industrie pétrolière 26
Les chocs pétroliers de 1973 et 1979 29
La diffusion de l'électricité 32
Le développement de l'énergie nucléaire 34
L'industrialisation du nucléaire civil 36
La catastrophe de Tchernobyl 38

Les enjeux géopolitiques **40**

États des réserves de pétrole et de gaz naturel dans le monde 42
Une forte interdépendance entre pays producteurs et pays consommateurs 44
Typologie des risques et conséquences sur le marché pétrolier 51
Les richesses pétrolières de l'Asie centrale : objet de toutes les convoitises 53

La stratégie de diversification des approvisionnements des États-Unis 58
La Russie, réservoir gazier de l'Europe 60

L'énergie : des marchés en pleine expansion 62
L'organisation des marchés de l'énergie 64
La formation des prix de l'énergie 67
Les stratégies des entreprises d'énergie 71

Énergie et environnement 74
L'impact de la consommation d'énergie sur l'environnement 76
Le protocole de Kyoto 80
La maîtrise de la demande d'énergie 83
Les énergies nouvelles et renouvelables 86

Perspectives énergétiques et technologies d'avenir 92
Les perspectives d'évolution de la demande d'énergie 94
Les transports de demain 98
L'énergie de la mer 103
La fusion thermonucléaire contrôlée : l'avenir énergétique de la planète ? 105

Pour en savoir plus 108
L'énergie fossile dans le monde 108
Les compagnies d'énergie : bilans et perspectives 113
Pour ou contre le nucléaire ? 117
Le cycle du combustible nucléaire 121
Lexique 124
Index 126
Bibliographie 128

Avant-propos

L'énergie est un produit indispensable. Toute la société est fondée sur sa consommation, qui satisfait à la fois les besoins les plus simples – comme se chauffer ou se nourrir – et les plus complexes – comme l'alimentation des ordinateurs ou le fonctionnement des stations d'épuration des eaux usées. À force d'utiliser l'énergie, nous ne mesurons plus notre dépendance à son égard. Qu'y a-t-il de plus naturel que d'allumer la lumière en entrant dans une pièce sombre, d'augmenter le thermostat du radiateur quand il fait froid ou d'aller prendre de l'essence quand le réservoir de la voiture est presque vide ? Toutefois, ce « privilège de l'oubli » est réservé aux économies riches, l'énergie étant, en effet, l'un des produits le plus inégalement utilisés. À l'heure actuelle, près de 50 % de la consommation mondiale d'énergie est engloutie par seulement 15 % de la population mondiale. Quand il suffit pour un Européen d'allumer le gaz ou sa plaque électrique pour cuisiner, plusieurs heures de travail (découpe et ramassage du bois) sont nécessaires pour parvenir au même résultat dans certaines zones d'Afrique ou d'Asie.
Mais l'inégalité ne se résume pas à la seule consommation d'énergie. Elle concerne également la répartition des réserves sur notre planète. Heureusement, les économies les moins développées sont plutôt bien dotées dans ce domaine et peuvent ainsi tirer des revenus de leur production. De plus, leur développement n'est pas entravé par une éventuelle dépendance énergétique. La consommation d'énergie progresse donc rapidement partout dans le monde, et particulièrement dans les zones les plus pauvres. Mais la boulimie de nos sociétés soulève de nombreuses difficultés qui devront être résolues dans les années à venir. Il faudra notamment concilier le nécessaire développement économique – et donc la consommation d'énergie – avec la préservation de l'environnement. Cela suppose de consommer autrement, de manière plus raisonnée, tout en laissant plus de place aux énergies renouvelables. Nous devons également nous préparer à vivre sans pétrole. Il reste encore une quarantaine d'années de réserves, mais la fin de la prédominance de cette ressource se rapproche. La flambée des prix en est d'ailleurs peut-être un signe avant-coureur.

Champ de colza. Les biocarburants – issus de plantes cultivées (betteraves, colza, tournesol...) – représentent une solution alternative aux carburants d'origine fossile.

Quels sont les pays les plus énergivores et quelle énergie est la plus consommée au monde ? Face à une demande en constante augmentation et à une répartition inégale entre les zones géographiques, les États se trouvent confrontés à des enjeux majeurs : équilibrer leur bilan énergétique, limiter leur dépendance vis-à-vis de zones instables politiquement, concilier besoins et respect de l'environnement et, enfin, préparer l'inévitable épuisement des ressources en développant des énergies alternatives.

Plates-formes pétrolières aux États-Unis. Tout au long de la côte du Texas jusqu'à la Louisiane se profilent des centaines de structures de ce type.

Le bilan énergétique mondial

Définitions : de quelle énergie parle-t-on ?

Deux catégories d'énergies existent. La première, les énergies dites de stock – issues des gisements de combustibles fossiles (charbon, gaz naturel et pétrole) et d'uranium –, sont puisées dans le sol. Cependant, ces stocks sont limités.
La seconde catégorie, les énergies dites de flux ou renouvelables, est générée par des processus naturels (vent, soleil, biomasse) inépuisables.

À côté des énergies de stock – qui se mesurent en dizaines, voire en centaines d'années de consommation –, les énergies de flux sont générées par des processus naturels tels que le vent (énergie éolienne), le rayonnement solaire (photovoltaïque et solaire thermique), l'eau (hydroélectricité), la chaleur de la terre (géothermie), les végétaux et les déchets (biomasse). Ces énergies, inépuisables, sont dites renouvelables.

LEXIQUE

[Tep]
La tonne équivalent pétrole est une unité de mesure qui permet d'exprimer les différentes sources d'énergie en une unité commune. C'est le pouvoir calorifique de chacune des énergies qui permet de les comparer. Une tonne de pétrole équivaut à 7,3 barils de pétrole (bl). Une tonne de charbon représente 0,4 à 0,77 tep selon sa composition. Un MWh d'électricité primaire vaut 0,22 tep. Enfin, 1 000 m^3 de gaz naturel équivalent à 0,9 tep.

De la nature au consommateur

Pour être consommées, les énergies doivent subir des transformations. On distingue ainsi quatre stades selon l'état de la ressource. L'énergie primaire correspond à l'énergie telle que la nature nous la livre (le pétrole à la sortie du puits, par exemple). L'énergie secondaire est une énergie primaire qui a subi une transformation. Il s'agit, par exemple, de l'essence issue d'une énergie primaire (pétrole) qui a été modifiée dans une raffinerie. L'électricité produite par une centrale thermique fonctionnant avec des combustibles fossiles est également une énergie secondaire. En revanche, l'hydroélectricité et l'électricité d'origine nucléaire sont considérées comme des énergies primaires.

Plate-forme pétrolière en mer (Australie). Toujours à la recherche de nouveaux gisements, l'industrie pétrolière a développé des techniques de forage à des profondeurs qui peuvent atteindre plus de 2 000 m.

LEXIQUE

[Photovoltaïque]
Conversion de l'énergie lumineuse en énergie électrique.

L'énergie finale – le troisième stade – correspond à l'énergie livrée au consommateur *via* les circuits (station-service) et les réseaux de distribution (électricité). Enfin, le dernier stade correspond à l'énergie utile, c'est-à-dire celle qui résulte de la satisfaction d'un besoin énergétique (se chauffer ou se déplacer). À chaque stade, des pertes sont générées en raison des lois thermodynamiques, des processus de transformation, du transport et des appareils de consommation. Ainsi, la consommation d'énergie primaire est de 10,2 Gtep pour une consommation finale de 7,8 Gtep et une consommation utile d'environ 4,1 Gtep, soit un rendement de 40 %.

Le parcours d'un baril de pétrole

L'itinéraire d'un baril de pétrole du gisement à la pompe à essence est long et complexe. Le brent (pétrole de la mer du Nord) est, par exemple, produit à l'aide de plates-formes pétrolières qui l'extraient de champs situés à plusieurs dizaines de mètres sous l'eau. De là, il est acheminé par des pipelines jusqu'à des terminaux situés sur les côtes d'Écosse, de Norvège ou des Pays-Bas, puis vers des raffineries qui transforment le pétrole brut en produits blancs (essence, diesel, kérosène, etc.), en produits noirs (fioul, bitume, etc.) et en gaz de pétrole liquéfié (butane et propane).

Géographie mondiale de l'énergie

Au cours de la décennie 1999-2009, la consommation mondiale d'énergie primaire a progressé de 23,6% pour atteindre 11 164,3 Mtep. Mais sa répartition est très inégale dans le monde. L'Amérique du Nord et l'Europe en consomment près de 49%, alors que la population de ces deux régions ne représente qu'un peu plus de 15,8% de la population mondiale.

Les chiffres clés : la montée de l'Asie Pacifique

L'Asie Pacifique est la première zone de consommation d'énergie primaire au monde. En 2009, elle a consommé 4 147,2 Mtep, soit 37% de la consommation mondiale. Sa croissance est très rapide en raison du dynamisme économique de la zone et de la poussée démographique.

L'Amérique du Nord arrive en deuxième position, ce qui s'explique par un comportement très énergivore. Le suréquipement en appareils électroménagers et la présence de plusieurs véhicules par foyer sont à l'origine d'une surconsommation d'énergie. Nettement décrochée, l'Europe est en troisième position. La hausse de la consommation

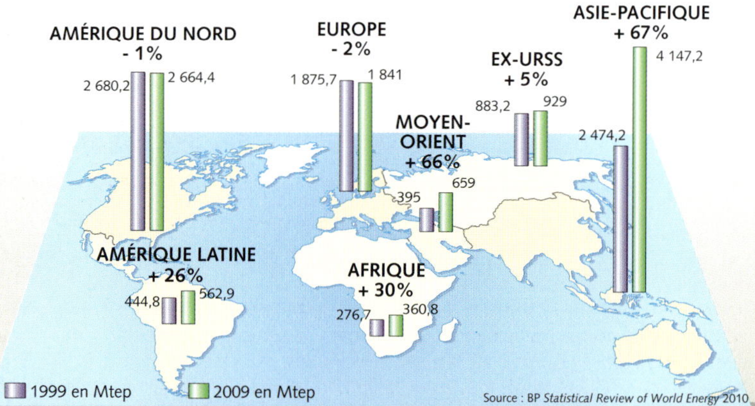

La consommation mondiale d'énergie primaire (1999-2009). Deux facteurs expliquent la forte progression de la consommation des zones dites émergentes : le développement économique et la croissance démographique.

Les exclus de l'énergie

Environ deux milliards de personnes dans le monde n'ont pas accès à l'électricité. Elles habitent l'Asie, l'Afrique et l'Amérique du Sud. Il s'agit avant tout d'un problème économique, mais, dans certains cas, l'éloignement et la localisation des populations ne permettent pas de mettre en œuvre des systèmes électriques intégrés. Des actions locales, reposant principalement sur des solutions de production d'électricité à partir d'énergies renouvelables (photovoltaïque et éolienne), sont mises en œuvre.
Ces projets sont soutenus par des organisations nationales et internationales comme l'ONU et par des entreprises d'énergie.

Installation photovoltaïque dans un village africain. Dans le cadre de programmes d'aide au développement durable, diverses associations aidées de partenaires (personnes privées ou entreprises) permettent aux zones isolées de produire leur électricité en prenant à leur charge les coûts d'installation et d'entretien des panneaux solaires.

est plus lente que dans les autres régions car l'économie y est moins dynamique et parce que les États ont mis en place des programmes de maîtrise de la demande d'énergie.
L'ex-URSS retrouve peu à peu le niveau de consommation d'énergie qui était le sien avant son éclatement. Les troubles politiques et sociaux qui en ont découlé se sont traduits par une instabilité économique, toujours existante dans certaines des ex-républiques. La fermeture de pans entiers de l'industrie et les difficultés économiques des populations ont engendré cette baisse importante. Repartie à la hausse depuis 1999, cette consommation n'a toutefois pas retrouvé son niveau de 1994. Le Moyen-Orient a consommé 659 Mtep en 2009. C'est la zone la plus dynamique en matière de consommation d'énergie dans le monde. Dans cette région, la profusion des ressources naturelles (principalement du pétrole et du gaz naturel) ne plaide pas pour la limitation. Enfin, l'Amérique latine et l'Afrique présentent des caractéristiques communes, et notamment une hausse comparable de leur consommation qui s'explique entre autres par la croissance de la démographie et le développement économique – ces deux facteurs entraînant une augmentation de la consommation d'énergie primaire.

La consommation d'énergie par zones géographiques

Les énergies fossiles représentent près de 88 % de la consommation d'énergie primaire. Le pétrole arrive en tête des énergies consommées, bien que ce soit sur le marché pétrolier que les tensions soient les plus vives. Cette situation s'explique surtout par l'existence d'usages dits captifs, qui ne peuvent être satisfaits quasiment que par le pétrole (comme les transports).

Centrale électrique au charbon. Malgré un avenir prometteur – les réserves de charbon se comptent en centaines d'années –, ce type d'installation devra à l'avenir s'adapter aux contraintes de protection de l'environnement.

La part du pétrole dans la consommation mondiale d'énergie décline

En dix ans, en termes de contribution au bilan énergétique mondial, la part du pétrole a baissé alors que celles du gaz naturel et du charbon ont progressé. Le dynamisme de la consommation de gaz naturel s'explique surtout par son emploi pour la production d'électricité. Le charbon est très consommé dans les régions dites émergentes, notamment en Chine (39 % de la consommation mondiale), et en Amérique du Nord, mais a tendance à diminuer en Europe de l'Ouest en raison de ses pauvres qualités environnementales. Enfin, les deux sources d'électricité primaires ont un poids équivalent dans le bilan énergétique mondial.

Une structure de la consommation d'énergie très hétérogène selon les zones géographiques

Deux facteurs principaux président à cette répartition : les dotations en ressources naturelles et la richesse, ce qui explique l'équilibre des bilans énergétiques de l'Europe

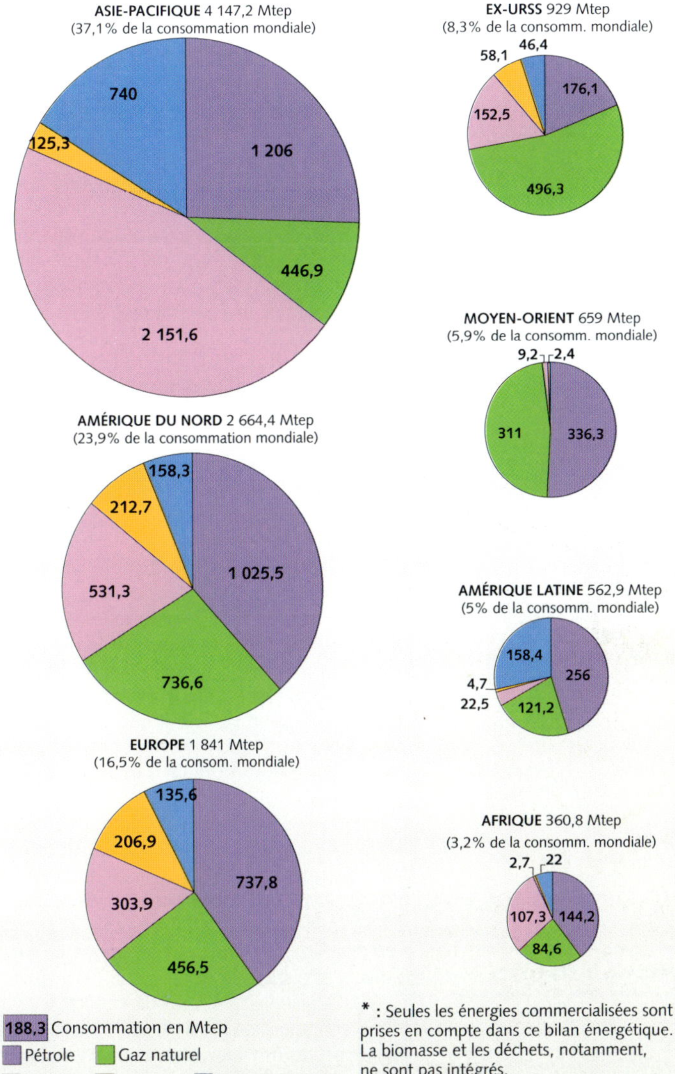

* : Seules les énergies commercialisées sont prises en compte dans ce bilan énergétique. La biomasse et les déchets, notamment, ne sont pas intégrés.

Source : BP *Statistical Review of World Energy* 2010

Structure de la consommation mondiale d'énergie primaire en 2009 par énergie et par zone géographique*. En dépit de leurs ressources énergétiques naturelles limitées, l'Europe et l'Amérique du Nord présentent les bilans énergétiques les plus équilibrés grâce notamment au développement de la filière nucléaire.

LEXIQUE

[Dépendance énergétique]
Obligation d'importer de l'énergie par manque d'autosuffisance.

et de l'Amérique du Nord. Chacune des énergies contribue de manière significative à la satisfaction des besoins énergétiques. Ces deux régions ont des dotations en ressources naturelles relativement limitées, mais leur richesse a permis de mettre en place la filière nucléaire pour s'affranchir de la dépendance énergétique.

Pour autant, les énergies ne sont pas forcément toutes disponibles partout en Europe. Ainsi, l'introduction du gaz naturel est relativement récente dans certains pays, comme au Danemark et en Grèce qui ne consomment du gaz que depuis une vingtaine d'années. L'Espagne et le Portugal sont dans une situation proche. Chaque année, de nouveaux sites sont raccordés aux réseaux de transport nationaux. En France, par exemple, Gaz de France raccorde plusieurs dizaines, voire plusieurs centaines de communes par an, ce qui correspond à une augmentation de 150 000 à 200 000 consommateurs par an.

Le nucléaire dans le monde

435 réacteurs nucléaires sont actuellement en service dans le monde. Ils représentent une puissance cumulée de 369 GW. Une trentaine de pays ont fait le choix de recourir à cette énergie, surtout les pays riches qui privilégient cette option dont les coûts d'investissement sont très élevés. Le réacteur de nouvelle génération qui sera prochainement lancé en France représentera un investissement de 3 milliards d'euros pour une puissance installée de 1 590 MW. Les États-Unis comptent 103 réacteurs nucléaires (premier parc mondial).
La France arrive en deuxième position avec 58 réacteurs en activité, mais en première position en termes de contribution du nucléaire à la production d'électricité (78 % en 2009), tandis qu'aux États-Unis cette énergie représente environ 20 % de la production d'électricité.
Avec le Japon (54 réacteurs), la Russie (31), le Royaume-Uni (19), le Canada (17) et l'Allemagne (17), la France et les États-Unis comptent 70 % des réacteurs nucléaires de la planète.

Des bilans énergétiques déséquilibrés

À l'inverse, les autres zones géographiques – plus pauvres et généralement mieux dotées en ressources naturelles – ont une ou deux sources d'énergie prépondérantes.
L'Asie s'appuie ainsi surtout sur le pétrole et le charbon – dont la Chine est le premier producteur mondial – alors que le Moyen-Orient compte quasi exclusivement sur le pétrole (première zone de production) et le gaz naturel. Ces énergies représentent à elles deux 98 % de la consommation d'énergie du Moyen-Orient, où l'hydroélectricité est, en revanche, très peu utilisée compte tenu de la pauvreté en ressource hydraulique.
L'Amérique latine, quant à elle, consomme principalement du pétrole, mais présente la particularité d'afficher le taux le plus élevé d'hydroélectricité (28 % du bilan de la zone contre 6,6 % dans le monde). La présence de nombreux fleuves et de chaînes de montagnes permet d'exploiter cette ressource.
Enfin, l'Afrique utilise surtout le pétrole et le charbon. On estime qu'environ la moitié des besoins énergétiques des populations africaines est satisfaite par les énergies renouvelables (non commercialisées). Dans ce continent où les infrastructures énergétiques font souvent défaut, l'utilisation des ressources forestières (la biomasse) offre une réponse immédiate aux besoins de chauffage et de cuisson de la population.

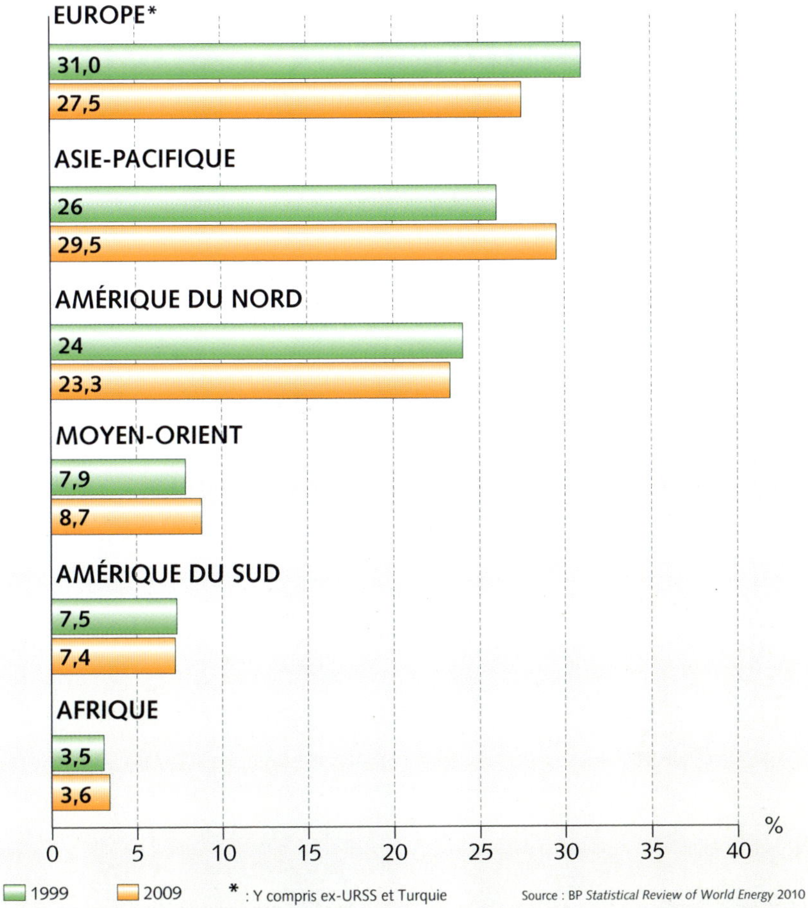

* : Y compris ex-URSS et Turquie

Source : BP *Statistical Review of World Energy* 2010

En dix ans, la capacité mondiale de raffinage a augmenté de 10%. Cette évolution s'est conjuguée à une modification des contributions respectives des continents. L'Asie-Pacifique représente désormais 29,6% des capacités mondiales contre 26% dix ans auparavant.
La montée en puissance des besoins a nécessité des investissements lourds pour développer les capacités. En une décennie, elles ont augmenté de 10%, principalement tirées par la Chine (+ 60%). À l'inverse, les capacités en Europe ont décliné en raison de la fermeture de sites en ex-URSS (difficultés économiques) et en Europe occidentale (lutte contre les surcapacités).

Répartition mondiale des capacités de raffinage (en % sur un total de 90,6 millions de barils par jour). De 1999 à 2009, la situation a quelque peu évolué dans ce domaine et tend désormais vers un rééquilibrage en faveur de la zone Asie-Pacifique qui représente actuellement 29,6% des capacités mondiales.

La consommation d'énergie, critère de l'inégalité

La consommation d'énergie dépend de nombreux facteurs : le niveau de développement, les dotations en ressources naturelles, le climat, le mode de vie, le degré d'industrialisation, etc. Ces paramètres expliquent les différences extrêmes entre les niveaux de consommation d'énergie par tête d'habitant.

Las Vegas la nuit. Dans cette ville perdue au milieu du désert, on assiste à une véritable débauche de lumières provenant des néons des casinos et des hôtels, qui transforment la nuit en jour.

Les pays les plus consommateurs d'énergie

Le Qatar affiche la consommation d'énergie primaire par tête la plus élevée au monde en raison de la richesse de son sous-sol en hydrocarbures. Les coûts d'extraction y étant très faibles, l'énergie est abondante et bon marché. De plus, ce pays jouit de la rente

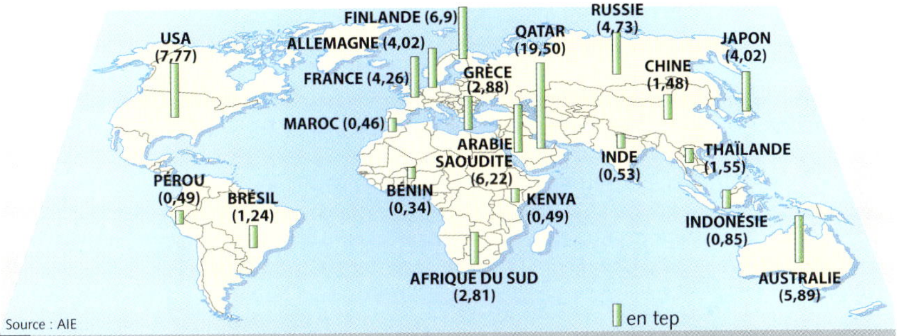

La consommation d'énergie primaire par habitant en 2007 (en tep par habitant). Les chiffres faramineux du Qatar et des États-Unis s'expliquent pour l'un par la richesse de son sous-sol et pour l'autre par son mode de vie très énergivore.

pétrolière et le niveau de vie est élevé. Son cas est toutefois particulier car il s'agit d'un petit pays présentant une économie déséquilibrée (peu ou pas d'agriculture notamment) et très urbain. Les États-Unis présentent l'un des taux de consommation les plus élevés du monde. L'énergie y est relativement abondante et bon marché – bien que la situation

Nomades autour d'un feu de camp (Érythrée). Loin de la profusion de lumières de Las Vegas, la nature couvre ici les besoins les plus essentiels comme se chauffer et se nourrir.

se dégrade très vite – et le mode de vie américain est très consommateur d'énergie. De plus, les préoccupations environnementales – notamment celles liées aux économies d'énergie – sont loin de constituer une priorité dans la plupart des États américains.

Les pays « économes »

En Europe et au Japon – bien que le niveau de développement soit comparable à celui des États-Unis –, la consommation d'énergie par habitant est près de deux fois moins élevée. Cet écart est principalement lié à la pauvreté en ressources naturelles de ces deux régions. La plupart des États européens (la France en tête) et le Japon sont extrêmement dépendants des importations (notamment de pétrole) pour satisfaire leurs besoins énergétiques. Ils tentent donc d'optimiser leur consommation par des programmes de maîtrise de l'énergie, voire de limiter cette consommation (taxation très forte des carburants automobiles en France par exemple), même si la tentation de bénéficier d'une manne fiscale est également très grande. Le climat joue également un rôle primordial. Ce facteur est à l'origine de l'écart entre la Grèce et la Finlande, leurs besoins en chauffage et en éclairage étant, bien entendu, très différents.
Le cas de la Russie est un peu particulier. La consommation par habitant y est comparable à celle de l'Europe de l'Ouest, mais les explications sont très différentes. Le système énergétique russe est en grande partie obsolète. Les réseaux de transport (réseaux haute et basse tension, oléoducs et gazoducs) sont anciens et génèrent des pertes importantes. De plus, les rendements énergétiques des appareils et moteurs sont relativement faibles.

Le mode de vie américain

La consommation d'énergie par habitant est beaucoup plus élevée aux États-Unis que dans les autres grands pays occidentaux. Cela tient principalement à un taux d'équipement très important en appareils et en moteurs énergivores. On y compte, par exemple, 819 voitures et véhicules utilitaires pour 1 000 habitants (c'est de loin le niveau le plus élevé du monde). En France, pour le même nombre d'habitants, on ne compte que 598 voitures et véhicules utilitaires. De plus, les véhicules américains consomment nettement plus d'essence que les véhicules français (de l'ordre de 30 % de plus), en raison des spécificités de motorisation. Dans le domaine de la climatisation (fortement consommatrice d'électricité), le décalage est encore plus flagrant. 65 % des ménages américains sont équipés, contre moins de 10 % des ménages français.

Le cas des pays dits « émergents »

Dans ces régions, le climat joue un rôle essentiel (les besoins de chaleur peuvent y être moins importants), mais c'est surtout le niveau de développement qui explique le faible niveau de consommation. Les industries lourdes (sidérurgie, notamment) sont parfois absentes, comme en Afrique où les sociétés fonctionnent sur un mode plus traditionnel fondé sur l'agriculture, nettement moins consommatrice d'énergie.
De plus, même dans le cas d'une présence industrielle forte, la consommation par habitant peut demeurer faible en raison d'une société à deux vitesses.
Le cas de la Chine est particulièrement instructif de ce point de vue car les niveaux de consommation y sont très hétérogènes. En effet, la côte chinoise connaît un développement extrêmement rapide avec une industrialisation lourde et fortement consommatrice d'énergie – proche de celle constatée en Europe. En revanche, le reste du pays étant encore très rural et agricole, la consommation y est plus proche de celle des pays africains les plus pauvres.

Les utilisations de l'énergie primaire

L'énergie primaire répond aux besoins énergétiques de quatre grandes catégories de consommation : production d'électricité, usage domestique, industrie et transports. Le pétrole demeure encore largement en tête comme source d'énergie primaire.

La production d'électricité

L'abondance des réserves de charbon (dans certaines zones) et ses faibles coûts de production sont les principaux avantages de ce combustible pour la production d'électricité.

En revanche, le bilan environnemental du charbon est nettement en sa défaveur, même si des technologies récentes, comme le lit fluidisé circulant, sont moins polluantes. Vient ensuite le gaz naturel. Actuellement, la production d'électricité « tire » sa consommation mondiale. Le cycle combiné au gaz naturel est la principale technologie de production d'électricité mise en service dans le monde, en particulier en Europe. À titre d'exemple, en 2000, au Royaume-Uni, 32 % de l'électricité était produite à partir de gaz naturel, contre seulement 2 % en 1990.

LEXIQUE

[Lit fluidisé circulant]
Technique qui permet de brûler le charbon et ses résidus, puis de « laver » chimiquement les fumées.

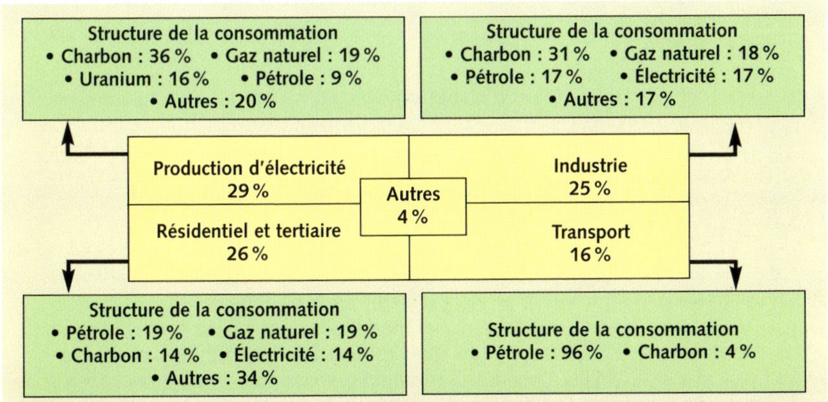

Les différents secteurs de consommation d'énergie. Certains comme l'industrie consomment toutes les énergies de manière équilibrée alors que d'autres comme les transports utilisent quasiment exclusivement le pétrole.

Le nucléaire est le troisième mode de production d'électricité dans le monde. C'est d'ailleurs son seul usage, en dehors des applications militaires. Cette technologie est toutefois réservée aux pays les plus riches, en raison de la complexité du processus et des investissements nécessaires. La France est le pays qui recourt le plus au nucléaire pour produire de l'électricité.
Le pétrole est peu utilisé pour la production d'électricité. Enfin, les autres énergies sont surtout représentées par les énergies renouvelables, hydroélectricité en tête. Certains pays, comme la Suède, produisent l'essentiel de leur électricité grâce aux barrages et aux cours d'eau.

Le secteur résidentiel et tertiaire

Il arrive en seconde position. La consommation d'énergie permet de répondre aux besoins de chauffage (premier usage et de loin en termes de consommation), de cuisson, de fonctionnement des appareils ménagers et informatiques et, enfin, d'éclairage. Les énergies fossiles répondent surtout au premier usage, même si quelques pays – dont la France – se servent de l'électricité pour le chauffage.
La biomasse est également très largement utilisée. La population des pays en voie de développement recourt massivement à ce combustible pour ses usages domestiques, ce qui n'est pas sans poser des problèmes de déforestation (en Afrique principalement).

L'industrie

Ce secteur – qui consomme 25 % de l'énergie dans le monde – présente le bilan le plus équilibré. Le charbon est, néanmoins, une nouvelle fois en tête. Cette ressource est très largement utilisée dans les régions industrielles des pays émergents, en particulier en Chine et en Inde. Le pétrole intéresse l'industrie comme énergie, mais également comme matière première pour la production de plastique. Ce dernier mode d'utilisation concerne environ 15 % du pétrole consommé par l'industrie.

Le transport

C'est le quatrième grand secteur de consommation, recourant quasi exclusivement au pétrole (et ses dérivés). Cette très forte dépendance pose de nombreux problèmes lorsque les cours du pétrole flambent. Les énergies alternatives – l'électricité et le gaz – n'ont pas réussi à s'imposer dans l'automobile.

Une concurrence interénergétique

En dehors des transports, de l'éclairage et des appareils ménagers et informatiques, aucun usage n'est exclusivement assuré par une source d'énergie.
C'est la raison pour laquelle on assiste à des modifications sensibles de la contribution des différentes énergies au bilan énergétique mondial. La forte progression du gaz naturel, qui se substitue peu à peu au charbon dans la production d'électricité, en est la principale illustration. Les évolutions sont toutefois très lentes car l'énergie est une industrie de long terme. Dans le cas de la production d'électricité, les centrales ont une durée de vie de l'ordre de 30 à 40 ans, voire plus de 50 ans dans le cas des centrales nucléaires.

Gérer le court et le long termes

Si le respect de l'environnement et le renouvellement des sources d'énergie posent des problèmes considérables, l'enjeu géopolitique est à court terme le plus fort.

Rapprocher centres d'extraction et centres de consommation

Le pétrole et le gaz naturel sont concentrés au Moyen-Orient et en ex-URSS, deux zones politiquement instables. Or, les économies occidentales ont besoin de ces énergies. Les difficultés sont à la fois liées à la localisation des réserves et aux moyens de les acheminer – les gazoducs et oléoducs devant parfois traverser des pays « sensibles », comme les pays du sud de l'ex-URSS. Les risques associés à cette problématique sont la rupture d'approvisionnement et/ou la flambée des prix. L'histoire récente nous montre que de tels événements ont des conséquences majeures sur les économies occidentales.

LEXIQUE

[Pile à combustible]
Appareil qui transforme en énergie électrique l'énergie chimique d'un couple combustible-comburant, stocké à l'extérieur.

Concilier consommation d'énergie et respect de l'environnement

La consommation d'énergie est la première cause de pollution. Les émissions en tout genre – CO_2, SO_2, NO_x et poussières – sont notamment à l'origine du réchauffement planétaire, de maladies respiratoires et, plus simplement, de la saturation de l'air de certaines mégalopoles (comme à Mexico, à Bangkok, etc.). Toute la difficulté est de ne pas entraver le nécessaire développement économique tout en limitant l'impact de la consommation d'énergie sur l'environnement. C'est une responsabilité tout aussi mondiale que locale et qui concerne aussi bien les gouvernants que les industriels et les citoyens. Mais les divergences sont nombreuses. L'Europe fait figure de locomotive mondiale dans ce domaine avec des engagements forts. Les pays émergents et les États-Unis sont nettement plus réservés sur les questions environnementales, estimant que les engagements proposés par l'Europe sont pénalisants pour leurs économies. Il existe pourtant des solutions pour endiguer la croissance de la pollution : maîtrise de la demande d'énergie, développement des énergies renouvelables, modification des comportements, marché des permis d'émissions, etc.

LEXIQUE

[Fusion nucléaire]
Union de plusieurs atomes légers en un atome plus lourd, se produisant à très haute température et donnant un grand dégagement d'énergie.

Préparer l'inévitable épuisement des ressources fossiles

Ce grand défi concerne surtout le pétrole et le gaz naturel. Il ne reste que quelques dizaines d'années de réserve. Les pistes pour l'avenir sont nombreuses, mais les nouvelles technologies n'en sont qu'au stade expérimental quand elles ne sont pas simplement des projets dans des cartons. Les idées principales sont la pile à combustible et la fusion nucléaire.

Depuis plus d'un siècle, l'industrie de l'énergie a connu une croissance exponentielle, mais elle a aussi été marquée par des crises majeures comme lors des chocs pétroliers de 1973 et de 1979. Si le pétrole reste la première source d'énergie consommée au monde, d'autres technologies se sont développées au cours du siècle dernier. Parmi elles, l'électricité – dont les réseaux et les unités de production n'ont cessé de se multiplier – et le nucléaire – celui-ci, réservé aux pays riches, est une source d'inquiétudes, notamment depuis la catastrophe de Tchernobyl.

Mineur de fond (1950), un métier à part. L'originalité de ce métier tient surtout à ses conditions de travail extrêmement difficiles liées à la profondeur, à l'obscurité, à la poussière, au manque de place, à l'humidité, au grisou et à la conscience constante du danger.

Un siècle d'énergie

L'histoire tumultueuse de l'industrie pétrolière

L'industrie de l'énergie est née au XIXe siècle avec le développement de la consommation de charbon et de pétrole. Le XXe siècle a largement confirmé la croissance de ce secteur, reléguant peu à peu le charbon dans le passé. Les technologies de production se sont affinées et diversifiées, et la consommation a explosé.

Pour autant, l'histoire de l'industrie énergétique au cours du siècle dernier a été très mouvementée. Elle a été marquée par des crises majeures et par la diffusion de nouvelles technologies qui ont profondément modifié nos habitudes de consommation.

Les « gueules noires »

L'industrie houillère est née au XIXe siècle. Formidablement dépeintes par l'écrivain français Émile Zola dans *Germinal* (1884-1885), les conditions de travail et de vie des mineurs de fond sont alors extrêmement pénibles. Il faut travailler 6 jours sur 7 pendant 10 à 12 heures. À la difficulté du travail à la main s'ajoutent la chaleur, l'humidité, les poussières et le bruit, sans oublier les multiples dangers, notamment les éboulements et les coups de grisou. Dans la première partie du XXe siècle, les conditions s'améliorent. C'est l'époque de la construction des cités minières (les corons), des accords sur les conditions de travail (limitation du travail des enfants, congés payés, etc.) et des vagues d'immigration en Europe de l'Ouest. La France accueille beaucoup de Polonais quand la Belgique reçoit surtout des Italiens. Jusqu'à la Seconde Guerre mondiale, les procédés d'extraction se développent lentement. L'introduction de l'électricité va profondément modifier la vie des mineurs, qui vont devenir des techniciens des machines d'extraction. Les rendements sont décuplés, mais l'atmosphère des mines souterraines est toujours aussi difficile. La France compte alors plus de 190000 mineurs. L'industrie française du charbon continuera son développement jusqu'au début des années 1960, pour décliner jusqu'à la fermeture des dernières mines en 2004. Aujourd'hui, le souvenir de ces années de labeur et de solidarité est entretenu dans les ex-régions minières par les « anciens » et certaines exploitations ont été transformées en musées à la gloire des gueules noires.

De 1860 aux années 1950 : l'âge d'or des majors

L'histoire de l'industrie pétrolière a débuté au milieu du XIXe siècle aux États-Unis (premier forage en Pennsylvanie en 1859). En 1870, la première grande compagnie pétrolière, Standard Oil, est créée à l'instigation de John D. Rockefeller. Cette firme s'impose rapidement comme l'acteur incontournable du marché pétrolier américain en contrôlant 80 % du raffinage et 90 % des pipelines vers 1880. Cette hégémonie soulève alors de vives critiques et, en 1911, la Standard Oil est démantelée en conformité avec les lois antitrust (dites lois Sherman). De ce démembrement naîtront plusieurs sociétés, dont

Derricks dans les années 1930 (aux environs de Los Angeles). Les premières extractions effectuées par ces tours de forage – qui permettent le levage et la descente des outils dans les puits – ont été réalisées aux États-Unis en 1859. La charpente métallique atteint en général une hauteur de 40 m.

Exxon, Mobil, Chevron, Arco ou encore Amoco. Les deux premières fusionneront d'ailleurs en 1998. Au début du XXe siècle, c'est au tour des Européens de constituer des « majors ».

En 1901, le diplomate britannique W. D'Arcy obtient la première concession du chah de Perse. La société d'exploitation créée à l'occasion prendra plusieurs noms, pour devenir BP (British Petroleum) en 1954. À la même époque, la Royal Dutch Shell est constituée. Dans un premier temps, son domaine d'intervention est limité aux Indes néerlandaises.

Pendant cette période, l'industrie pétrolière connaît un tournant majeur avec le développement de l'automobile. Jusqu'ici principalement utilisé pour l'éclairage (lampes), le pétrole va bénéficier d'un nouvel usage captif en expansion. Dans les années 1920, afin de préserver leurs rentes, les majors américaines et européennes signent des accords – la plupart du temps secrètement – pour se partager le marché mondial de l'exploration à la distribution des produits raffinés.

LEXIQUE

[Pipelines]
Canalisations utilisées pour le transport du pétrole (oléoduc) ou du gaz naturel (gazoduc).

LEXIQUE

[Majors]
Grandes sociétés pétrolières.

John D. Rockefeller

John D. Rockefeller (1839-1937) fut l'un des premiers à pressentir l'avenir du pétrole. En 1870, il fonde la Standard Oil et devient l'une des plus grosses fortunes du monde.

Né en 1839 aux États-Unis, John D. Rockefeller est issu d'une famille modeste qui n'a pas les moyens de lui faire suivre des études. Il est élevé par sa mère, son père courant le pays pour vendre des élixirs. À l'âge de 16 ans, il entre dans une société de négoce de charbon et de céréales à Cleveland en tant qu'employé aux écritures. Deux ans plus tard, il est nommé chef comptable, mais démissionne en 1857 pour lancer avec un associé une entreprise de négoce de sel, de porc et de blé. On assiste alors au début du développement de l'industrie pétrolière. En 1863, John D. Rockefeller créé Excelsior Oil Works avec deux associés. Il rachète leurs parts deux ans plus tard. Commence alors l'épopée de l'industriel. En 1870, il crée la Standard Oil avec son frère et un autre associé. En une dizaine d'années, cette compagnie contrôle environ 90 % de l'ensemble de l'industrie pétrolière américaine. Son succès repose sur un modèle intégré (présence tout au long de la filière) et sur la maîtrise des coûts. Vers 1880, John D. Rockefeller est à la tête de la première fortune des États-Unis avec environ 150 millions de dollars. En 1890, son empire subit les premières attaques de la justice américaine. En vertu des lois antitrust, les autorités judiciaires veulent démanteler la Standard Oil. Après une longue bataille juridique, John D. Rockefeller doit renoncer à son empire. Il cède l'essentiel de ses parts, et son groupe est démantelé en 1911. Il meurt en 1937.

Ces ententes sont principalement destinées à maintenir les prix à un niveau élevé, et donc à soutenir les profits.

Des années 1950 au début des années 1970 : la contestation de l'ordre des majors

Après la Seconde Guerre mondiale, le cartel des majors est petit à petit contesté par les pays consommateurs et les pays producteurs. Les premiers voient leur dépendance à l'égard des majors s'accroître, tandis que les seconds ne récoltent qu'une petite partie de la rente pétrolière. Les pays importateurs créent alors des compagnies nationales. Dès 1945, la France constitue le Bureau de recherche pétrolière, qui deviendra Elf; puis, en 1953, l'Italie constitue l'ENI (Société nationale des hydrocarbures). Les compagnies indépendantes américaines – jusqu'ici cantonnées aux États-Unis – se lancent à la conquête des gisements étrangers. De leur côté, les pays producteurs veulent profiter de leur ressource. Des négociations sont entamées avec les majors afin d'augmenter la production et de partager plus équitablement les revenus de l'extraction. L'arrivée de concurrents – qui offrent des conditions plus avantageuses – et la montée en puissance des pays exportateurs modifient les rapports de force. Parmi ces derniers, cinq pays – l'Arabie Saoudite, l'Iraq, l'Iran, le Koweït et le Venezuela – fondent en 1960 l'Organisation des pays exportateurs de pétrole (OPEP), dont la première ambition est de reprendre le contrôle du sous-sol et de l'exploitation du pétrole jusqu'ici aux mains des majors.

Les chocs pétroliers de 1973 et 1979

Au début des années 1970, la consommation de pétrole augmente rapidement sous l'influence de la croissance économique. Les pays de l'OPEP sont fortement sollicités pour répondre à la demande mondiale car la production américaine décline et l'exploitation du pétrole en mer du Nord n'en est qu'à ses débuts.

À leur origine, les guerres

Les capacités de production approchent de la saturation. Petit à petit, l'OPEP accueille de nouveaux membres – Algérie, Émirats arabes unis, Indonésie, Libye, Nigeria et Qatar – et augmente son influence en reprenant en main les concessions. Cette fragilité du marché pétrolier va apparaître au grand jour à la suite de deux événements politiques majeurs.

Le 6 octobre 1973, la guerre du Kippour est déclenchée. Elle oppose Israël à l'Égypte et à la Syrie. Cette crise marque un changement fondamental dans les rapports de force entre les compagnies et les pays importateurs d'un côté, et les États producteurs de l'autre. Dix jours après le début du conflit, les pays arabes de l'OPEP décident unilatéralement d'augmenter le prix du pétrole de 70 %. C'est la première fois que les cours ne sont pas négociés entre les États producteurs et les compagnies occidentales. À la suite de cette mesure, ceux-ci réduisent leur production et décrètent un embargo sur les pays soutenant Israël. En quelques semaines, les prix explosent, passant de 3 à 12 dollars le baril. Cette augmentation extrêmement brutale va, néanmoins, permettre de rééquilibrer le marché pétrolier. D'un côté, la hausse de la consommation va se ralentir et, de l'autre, les réserves vont s'accroître. À 12 dollars le baril, de nombreux gisements deviennent économiquement exploitables, alors qu'ils ne l'étaient pas à 3 dollars.

L'OPEP prend le pouvoir

Profitant de son avantage, le cartel s'attaque également à la répartition de la rente pétrolière. Fin 1974, la part des pays producteurs sur le prix du pétrole atteint plus de 80 % (le solde revenant aux compagnies occidentales), contre moitié moins en 1970.

À partir de 1975, ces derniers procèdent à des nationalisations. C'est la prise de pouvoir de l'OPEP. Le second choc pétrolier a lieu en 1979 à la suite de la révolution iranienne et de la guerre entre l'Iran et l'Iraq. L'offre mondiale est alors amputée de 5 millions de barils/jour. Les autres pays membres de l'OPEP ne parviennent pas à compenser complètement ce recul de la production. Les prix flambent à nouveau pour atteindre environ 36 dollars le baril en 1980, soit presque trois fois plus qu'avant le choc.

Le recyclage des pétrodollars

Avec les deux chocs pétroliers, les excédents courants (excédents des recettes d'exportations) des pays membres de l'OPEP gonflent. En 1974, les recettes pétrolières de l'OPEP atteignent 108 milliards de dollars, contre 33 milliards de dollars en 1973. Ces excédents sont baptisés pétrodollars. Cette manne va servir à financer les pays en développement qui ne bénéficient pas de telles rentrées. Ces derniers vont également accroître leurs importations venant des pays industrialisés. Chacune des trois parties impliquées est censée y trouver son compte. Une course au prêt s'engage et il devient facile de trouver des financeurs. De nombreux éléphants blancs (projets permettant des détournements d'argent) sont ainsi financés. Ce mécanisme de recyclage montre rapidement ses limites avec la remontée des taux d'intérêt à partir de 1979 pour endiguer l'inflation. Les emprunteurs se retrouvent piégés avec une dette colossale et des taux d'intérêt croissants. Les pays en développement sont alors surendettés – comme en témoigne la cessation de paiement du Mexique en 1982.

Le contre-choc pétrolier

Avec le second choc pétrolier, les revenus des pays producteurs augmentent considérablement, mais, paradoxalement, des dissensions fortes apparaissent entre les membres de l'OPEP. Deux visions s'affrontent. Les pays africains – caractérisés par une situation de surendettement et la quasi-saturation de leurs capacités de production – défendent une stratégie de prix élevés par un contrôle de la production. D'autres pays – dont

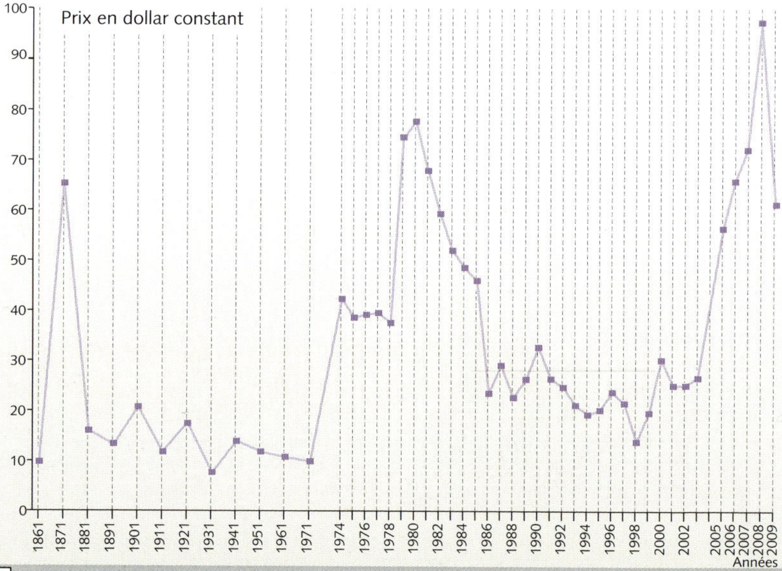

Variations du prix moyen du baril de pétrole brut. Malgré les aléas des crises politiques et économiques, le prix du pétrole est demeuré sur une longue période remarquablement stable (entre 22 et 27 dollars constants de 1900 à 2002).

principalement l'Arabie saoudite – veulent accroître leur part de marché en réduisant les prix si besoin est. Les tensions sont fortes au sein du cartel et les quotas de production mis en place en 1982 sont dépassés par certains membres.
Parallèlement, les pays importateurs réduisent leur consommation et diversifient leurs approvisionnements. La mer du Nord et l'Alaska deviennent d'importantes zones de production. Les cours élevés du pétrole permettent de rentabiliser l'exploitation des gisements de ces régions difficiles (production en mer dans des conditions climatiques parfois extrêmes). Les conditions sont réunies pour un contre-choc. Il intervient en 1986. Les prix chutent à environ 13 dollars le baril.

Une récente flambée des prix

Depuis 1986, la volatilité des cours du pétrole ne s'est pas démentie. En 1990, lorsque l'Iraq envahit le Koweït, les cours atteignent environ 40 dollars le baril. Mais la défaite rapide de l'Iraq au début de 1991 permet au marché pétrolier de retrouver sa sérénité. En 1998, les prix sont dans une spirale baissière en raison de la crise économique en Asie (recul de la consommation) et de l'augmentation des quotas de production de l'OPEP. Les cours tombent à 10 dollars le baril. Depuis cette date, les cours ont tendance à augmenter (exception faite de 2000/2001 avec le retournement de la conjoncture). La hausse est même très rapide depuis la deuxième guerre du Golfe et la crise en Iraq (2003/ 2004). Le baril s'est installé au-dessus des 60 dollars depuis juillet 2005. Il a même dépassé la barre symbolique des 100 dollars fin 2007. Plusieurs facteurs expliquent cette situation : la production irakienne reste très inférieure à ce qu'elle devrait être et la consommation de l'Asie progresse rapidement.

GI américain à Bagdad lors de la seconde guerre du Golfe. Dans cette région, théâtre de vives tensions, les conflits armés sont souvent à l'origine de chocs pétroliers et de fortes hausses sur les cours du pétrole.

Pour autant, on ne peut encore pas parler de choc pétrolier. La hausse est lente et régulière, contrairement à 1973 et à 1979. De plus, l'impact de l'augmentation du prix du pétrole sur les économies occidentales est relativement modéré, en particulier pour l'Europe grâce à la baisse du dollar par rapport à l'euro.

La diffusion de l'électricité

Le premier réseau de distribution d'électricité a été construit à l'initiative de Thomas Edison en 1882, à New York. Les réseaux et les unités de production se multiplient à partir de cette période. À un tel point que, au début du XXe siècle, il existe environ 3000 compagnies d'électricité aux États-Unis et 200 au Royaume-Uni.

Un développement exponentiel

Au début du XXe siècle, l'électricité est extrêmement coûteuse et elle est réservée à des commerces et aux personnes fortunées. Avant la Première Guerre mondiale, moins de 30 % des habitations des beaux quartiers parisiens sont alimentés en électricité. Les unités de production sont de petites tailles et les réseaux ne sont généralement pas compatibles les uns avec les autres car ils utilisent des technologies différentes. Les coupures sont extrêmement fréquentes.

La diffusion à grande échelle de l'électricité prend forme aux États-Unis avec la concentration des producteurs-distributeurs. À la fin du XIXe siècle, Samuel Insull – un ancien collègue de Thomas Edison – rachète des réseaux à Chicago et les interconnecte. Le transport d'électricité est alors facilité et les unités de production peuvent s'éloigner des centres de consommation et devenir de plus en plus puissantes, ce qui permet de réduire les coûts de production. L'électricité se diffuse alors et passe de la sphère industrielle à la sphère domestique.

LEXIQUE

[TWh (térawattheure)] Unité de production d'électricité. 1 TWh = 10^9 kWh.

Dans le même temps, les industries – fortement consommatrices d'énergie – ne sont plus liées à la localisation des ressources énergétiques. La possibilité de construire des centrales électriques un peu partout et l'extension des réseaux permettent une industrialisation plus harmonieuse des territoires. Du début du XXe siècle à 1940, la production mondiale d'électricité passe d'environ 10 TWh à 500 TWh.
Si les puissances augmentent rapidement, les rendements progressent également.

Un domaine public

Avant la Seconde Guerre mondiale, l'électrification dans les pays développés est souvent réalisée grâce aux autorités. Aux États-Unis, une agence gouvernementale – la Rural Electrification Administration – est ainsi créée en 1935.

Télémine de La Houve (France). Dans cette dernière mine de charbon – fermée en 2004 –, ce télésiège individuel, qui plonge dans une étroite galerie d'accès, permettait de descendre de moins 500 m à moins 800 m sous terre.

Après la guerre, la tendance est à la nationalisation, comme en France où Électricité de France (EDF) est créée en 1946. En Grande-Bretagne, l'industrie électrique est également nationalisée.
La production, le transport et la distribution d'électricité sont quasiment partout le fait d'entreprises publiques. Pendant les Trente Glorieuses, l'industrie électrique prospère dans tous les pays industrialisés. Les prix baissent, la diffusion est rapide et la consommation explose (environ 7 % par an en France dans les années 1970). Mais les deux chocs pétroliers vont bousculer cette dynamique. L'augmentation brutale des prix du pétrole entraîne dans son sillage ceux de l'électricité. Les États dépendant du pétrole prennent des mesures de maîtrise de la demande d'énergie et, pour certains, se lancent dans des programmes nucléaires.
À l'heure actuelle, l'électrification est proche de 100 % dans les pays développés, où l'accès à l'électricité est d'ailleurs parfois considéré comme un droit, notamment en France. Mais la diffusion de l'électricité est encore très loin d'être uniforme sur notre planète.

La fin de l'extraction du charbon en France

Le 8 avril 2004, la dernière berline de charbon produit en France est remontée à La Houve, en Moselle. La fin de l'aventure charbonnière française est intervenue avec 18 mois d'avance sur la date prévue par le Pacte charbonnier, signé en 1994 par le ministère de l'Industrie (autorité de tutelle de Charbonnages de France) et la plupart des syndicats. Depuis les années 1960, la production de charbon n'a cessé de décliner. De plus de 57 millions de tonnes en 1960, la production est tombée à moins de 20 millions de tonnes en 1980 et à 1,7 million de tonnes en 2003. Les conditions d'exploitation trop coûteuses ont rendu nécessaire la fermeture des mines. Charbonnages de France a été dissous le 1er janvier 2008. De 2004 à 2008, l'entreprise a géré le démantèlement de ses installations et la reconversion des derniers salariés.

Le développement de l'énergie nucléaire

Les débuts de la physique nucléaire remontent à la découverte de la radioactivité naturelle par le Français Henri Becquerel en 1896. Un an plus tard, l'Anglais Joseph John Thomson met en évidence l'existence de particules négatives, qu'il baptise électrons. Pierre et Marie Curie, en reprenant les travaux de Becquerel, découvrent en 1898 le polonium et le radium, deux nouveaux éléments très radioactifs.

La contribution de nombreux savants

C'est au début du xxe siècle que les premières théories sur les réactions nucléaires sont décrites. Ernest Rutherford, notamment, découvre le noyau de l'atome en 1911 et le proton en 1913. Il observe la première réaction nucléaire en 1919.

En 1932, James Chadwick découvre le neutron. C'est ensuite au tour d'Irène et de Frédéric Joliot-Curie de démontrer qu'à la suite d'une réaction nucléaire de nouveaux noyaux instables sont créés. La fission nucléaire – principe sur lequel est actuellement fondée l'utilisation du nucléaire pour la production d'énergie – est alors mise en évidence. Plusieurs chercheurs se relaient. Otto Hahn et Fritz Strassmann sont les premiers à imaginer qu'un noyau d'uranium se cassant en deux peut créer des fragments plus légers. À cette occasion, une énorme quantité d'énergie est libérée en raison de la différence de masse. En 1939, l'Allemand Otto Robert Frisch et le Français Frédéric Joliot-Curie font la première expérience de fission. Ils montrent qu'un noyau d'uranium bombardé de neutrons se casse et éjecte de nouveaux neutrons, capables à leur tour de provoquer de nouvelles fissions.

LEXIQUE

[Proton]
Particule fondamentale chargée d'électricité positive, entrant avec le neutron dans la composition des noyaux atomiques.

LEXIQUE

[Neutron]
Particule électriquement neutre constituant avec les protons les noyaux des atomes.

Les premiers réacteurs

La première pile nucléaire a été mise au point par le physicien italien Enrico Fermi en 1942, à Chicago. Ce réacteur était constitué d'une succession de cubes de graphite et de barres d'uranium. La première réaction en chaîne dure quelques minutes. Plusieurs réacteurs de ce type sont ensuite construits pour produire le plutonium nécessaire à l'armée américaine pour fabriquer les premières

LEXIQUE

[Graphite]
Carbone naturel ou artificiel cristallisé, presque pur, gris-noir, tendre et friable.

bombes atomiques. Ce n'est qu'en 1951, en Amérique, dans l'Idaho, que le nucléaire est utilisé pour produire de l'électricité. Le premier modèle de réacteur civil est baptisé EBR1. Il est doté d'une puissance de 100 KW et couplé au réseau le 20 décembre 1951. Il continuera à fonctionner jusqu'en 1963.

Enrico Fermi (1901-1954). Prix Nobel en 1938, ce physicien italien, réfugié aux États-Unis, préconisa l'emploi des neutrons pour la désintégration des atomes et construisit, en 1942, la première pile à uranium.

Les années 1950 marquent le début de l'ère du nucléaire civil. Plusieurs pays se lancent dans le développement de cette source d'énergie qui permet également de mener des programmes militaires grâce à la production de plutonium dans les réacteurs. La montée en puissance de la production d'énergie nucléaire se déroule sur fond de guerre froide.
Deux blocs s'affrontent. L'année 1954 illustre la rivalité des deux ennemis de l'époque. Alors que les États-Unis décident de construire 5 réacteurs de technologies différentes pour les tester, l'Union soviétique met en service, le 27 juin, le réacteur le plus puissant jamais construit. Le réacteur AES1 – dont les travaux ont débuté en 1951, à Obninsk – a une puissance installée nette de 5 MW. Il utilise de l'uranium enrichi à 5 % comme combustible et le graphite comme modérateur. Les États-Unis ne parviendront à égaler ce premier record de puissance qu'en 1957. La France est également rapidement entrée dans la course. Le Commissariat à l'énergie atomique (CEA) est créé en 1945. Plusieurs piles expérimentales sont construites et, en 1947, c'est l'une d'entre elles, dénommée ZOE, qui diverge la première. En 1956, le premier réacteur de fabrication française (2 MW) est mis en service à Marcoule. Il sera suivi de deux autres réacteurs – Marcoule G2 et Marcoule G3 – d'une capacité de production nette de 38 MW. La filière Uranium naturel graphite gaz (UNGG) est née.
Au total, 9 réacteurs seront construits avec cette technologie, qui sera abandonnée dans les années 1970 au profit de la technologie américaine des PWR (*Pressurised Water Reactor,* réacteur à eau pressurisée). Framatome construira alors des réacteurs sous licence Westinghouse. La technologie américaine sera par la suite francisée.

L'industrialisation du nucléaire civil

Les années 1970 marquent le début de la seconde phase de l'histoire du nucléaire civil. Des dizaines de chantiers sont lancés à travers le monde et les mises en service culminent au cours des années 1980. Depuis, experts et responsables politiques s'interrogent.

Une technologie en pleine expansion

Deux filières vont s'imposer à l'Ouest : les PWR et les BWR (*Boiling Water Reactor*, réacteur à eau bouillante), toutes deux d'origine américaine. Les impératifs de compétitivité et d'indépendance énergétique vont alors doper le nucléaire.
Les chocs pétroliers poussent les pays fortement dépendants de l'extérieur pour leurs approvisionnements énergétiques (France et Japon notamment) à se lancer dans cette industrie. Des dizaines de réacteurs sont alors mis en chantier dans les pays occidentaux, ce qui permet de bénéficier d'effets de série et d'améliorer la compétitivité de l'électricité produite. En effet, la construction d'un réacteur nucléaire est un investissement extrêmement lourd. En fabriquer plusieurs de même technologie permet d'amortir plus facilement un certain nombre de charges, dont celles liées à la conception. Dans le bloc communiste, le nucléaire civil se développe également très vite. L'ex-URSS met au point les filières RBMK (*Reaktor Bolchoi Mochtchnosti Kanalni*, réacteur à eau bouillante avec du graphite comme modérateur) et VVER (*Vodiano Vodianoi Energuietitcheski Reaktor*, réacteur à eau sous pression) et va rapidement se doter de nombreuses centrales et en exporter dans ses pays satellites.

Une énergie réservée aux pays riches

Le nombre de pays qui accèdent à l'énergie nucléaire va progressivement s'accroître. Cette technologie est réservée à un club de 10 privilégiés en 1965 – Allemagne de l'Ouest, Belgique, Canada, États-Unis, France, Italie, Japon, Royaume-Uni, Russie et Suède –, puis ses détenteurs vont passer à 14 en 1970, à 19 en 1975, à 30 en 1985 et à 32 à l'heure actuelle. Ce chiffre ne devrait pas augmenter significativement car le nucléaire civil n'est pas accessible à tous les États : les développements sont tels que seuls les pays riches peuvent le mettre en œuvre. De plus, les infrastructures de transport doivent être performantes pour le couplage à l'unité nucléaire. Enfin, il faut que les besoins en électricité soient très importants pour profiter d'effets de série liés à la construction de plusieurs réacteurs.
Le nombre de réacteurs et leur puissance ne cessent de progresser. En 1965, on comptait seulement 64 réacteurs dans le monde pour une puissance totale de 5 849 MW, soit une moyenne de 91,4 MW par réacteur.

Une industrie controversée

La période 1975-1990 a été la plus fastueuse de l'industrie nucléaire. Les deux chocs pétroliers de 1973 et de 1979 ont convaincu la plupart des pays « nucléaires » d'intensifier leur programme. Au cours des années 1970, des dizaines de chantiers ont été lancés, aboutissant à des mises en service dans les années 1980. De ce point de vue, 1985 détient le record absolu avec 42 réacteurs mis en service industriel. En revanche, depuis le début des années 1990, l'industrie nucléaire mondiale est dans un creux de cycle. L'accident de Tchernobyl et le contre-choc pétrolier ont modifié la donne. Les populations de plusieurs pays sont alors devenues réticentes à l'utilisation de cette énergie. Plusieurs pays ont signé des moratoires (Belgique et Suède) alors que d'autres y ont renoncé (Italie et Allemagne plus récemment). La forte remontée des cours du pétrole et les impératifs de réductions des gaz à effets de serre pourraient toutefois relancer la filière nucléaire. Début 2004, la Finlande a retenu le constructeur français Framatome pour la réalisation d'une nouvelle centrale et la France s'apprête également à lancer la construction d'un nouveau réacteur. Ces deux unités sont les premières d'une nouvelle génération baptisée EPR, développée par Framatome et Siemens.

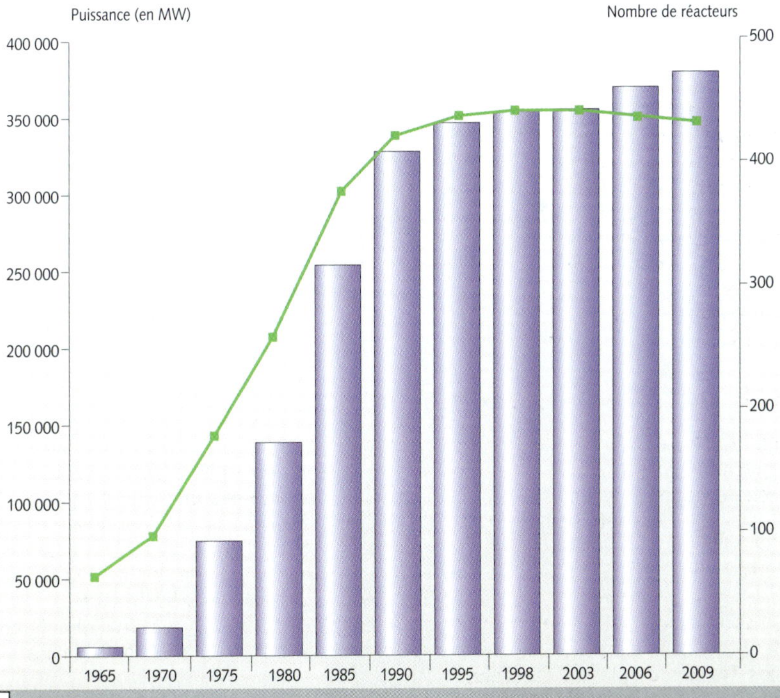

Évolution du parc nucléaire dans le monde. Après une croissance fulgurante entre 1970 et 1990, l'industrie nucléaire est actuellement entrée dans une phase de stagnation.

La catastrophe de Tchernobyl

Le 26 avril 1986 à 1 h 23, le cœur du réacteur de la tranche 4 de la centrale de Tchernobyl s'emballe à la suite d'un test qui tourne mal. Deux explosions violentes détruisent une partie du bâtiment où se situe le réacteur. Une colonne de fumée et des débris radioactifs sont projetés à plus de 1 000 m d'altitude.

Les faits

L'accident fait 31 morts (des employés de la centrale et des pompiers tentant de maîtriser les incendies).
Environ 130 000 personnes seront évacuées dans une zone de 30 km de diamètre autour de la centrale. Les autorités font ensuite appel à l'armée et à des civils pour nettoyer le site et construire un sarcophage autour du réacteur détruit.
Selon des estimations non officielles, 25 000 de ces « liquidateurs » périssent à la suite de leur intervention.
Les causes de la catastrophe sont humaines. Six erreurs différentes ont été recensées (violations de procédures et non-respect de consignes).

Tchernobyl (Ukraine) après l'accident. Si les causes de la catastrophe sont maintenant connues, les conséquences à moyen et à long terme sur la santé publique ne sont toujours pas clairement identifiées et quantifiées.

L'échelle d'évaluation des événements nucléaires Ines (« International Nuclear Event Scale »)

Cette échelle comporte 7 degrés d'anomalie à accident majeur. Elle permet de qualifier et de mesurer la gravité des événements constatés. Les échanges sont ainsi facilités entre les pays et l'AIEA (Agence internationale de l'énergie atomique).
Jusqu'à présent, les accidents les plus graves ont été Tchernobyl (niveau 7 sur l'échelle Ines) et Three Miles Island, aux États-Unis, en 1979 (niveau 5). Les anomalies sont relativement fréquentes – plusieurs dizaines sont ainsi constatées chaque année en France – tout comme les incidents (plusieurs par an, également en France).

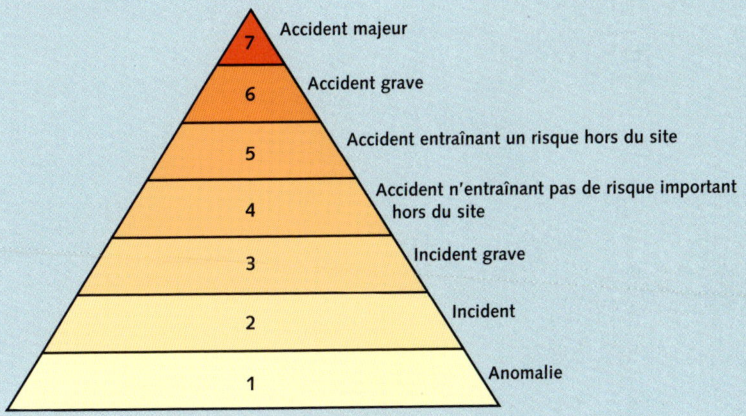

Échelle Ines. Mise en application au plan international en 1991, son objectif est de couvrir les événements se produisant dans toutes les installations nucléaires civiles et pendant le transport de matières nucléaires.

Si les causes sont d'origine humaine, la technologie soviétique est également responsable. Les RBMK – comme celui de Tchernobyl – ne sont équipés que de deux enceintes de confinement, contre trois pour les technologies occidentales.

Le nuage radioactif

Il se déplace ensuite en Europe du Nord. La France est prétendument épargnée, le nuage s'arrêtant aux frontières selon les autorités. Les répercussions réelles de l'accident en France ne sont pas encore connues. L'IRSN (Institut de radioprotection et de sûreté nucléaire) a révisé les taux de radioactivité mesurés dans certaines régions françaises, comme la Corse et l'Est. 230 personnes se sont portées partie civile, dénonçant la mauvaise gestion du problème par les autorités.
Les pays voisins ont en effet appliqué le principe de précaution – interdisant notamment la consommation de certains produits – alors que la France a refusé de considérer les risques potentiels.

Le Moyen-Orient concentrant l'essentiel des réserves de pétrole et de gaz naturel dans le monde, les principaux centres de consommation – Asie, Amérique du Nord et Europe de l'Ouest – se retrouvent donc fortement dépendants d'une région politiquement instable et source de nombreuses tensions géopolitiques. Pour remédier à cette situation, leur stratégie est de diversifier leurs sources d'approvisionnement et de rechercher de nouveaux gisements. Une région attise leur convoitise : l'Asie centrale.

Puits de pétrole en flammes. Lors de la guerre du Golfe (1990-1991), Saddam Hussein ordonna de mettre le feu aux puits du Koweït.

Les enjeux géopolitiques

États des réserves de pétrole et de gaz naturel dans le monde

Les tensions géopolitiques liées à l'énergie résultent de la répartition très inégale des réserves mondiales, en particulier de pétrole et de gaz naturel. À lui seul, le Moyen-Orient concentre 56,6% des réserves de pétrole et 40,6% des réserves de gaz naturel.

L'Europe de l'Est – surtout la Russie – représente, quant à elle, un tiers des réserves prouvées de gaz naturel dans le monde. En revanche, les trois principaux centres de consommation – Asie, Amérique du Nord et Europe de l'Ouest – affichent les réserves les plus faibles. Les réserves de pétrole – mesurées en années – n'ont jamais été aussi limitées en Europe de l'Ouest (9 années) et en Amérique du Nord (15 années).

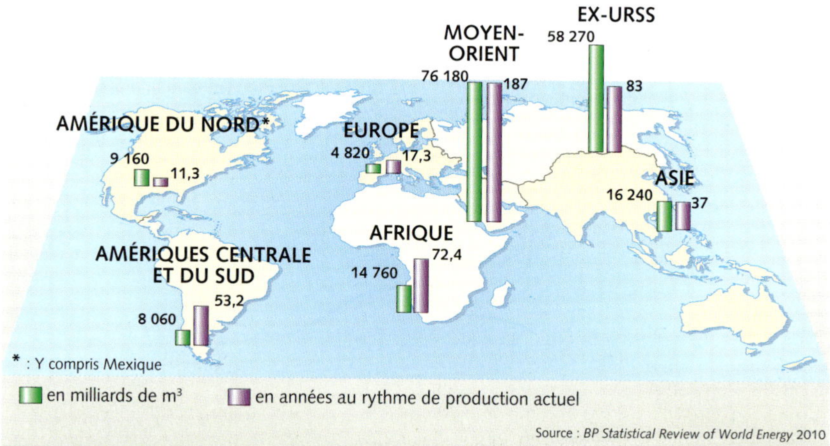

Répartition mondiale des réserves prouvées de gaz naturel. Le Moyen-Orient et l'ex-URSS représentent à eux seuls 71 % des réserves mondiales.

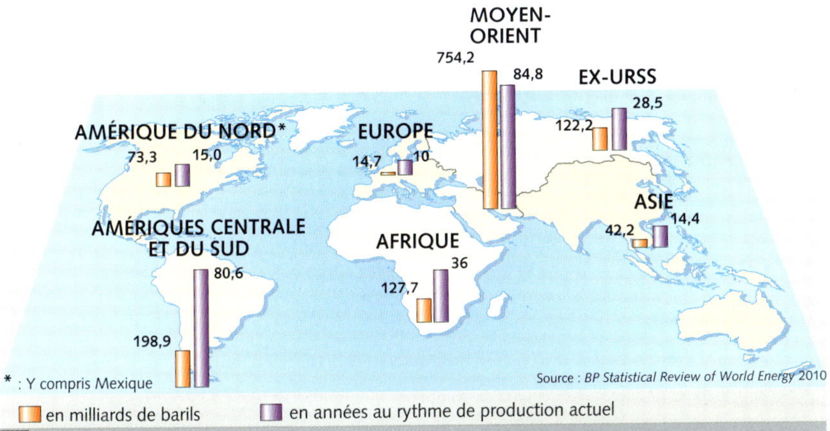

Répartition mondiale des réserves prouvées de pétrole. Le Moyen-Orient – qui concentre à lui seul 56,6% des réserves – affirme ici sa prédominance actuelle et pour les années à venir.

L'estimation des réserves de pétrole

La quantification des réserves dépend de critères physiques et économiques. Les premiers correspondent à l'identification des gisements (l'exploration) et à la capacité d'exploiter la ressource en fonction, notamment, de sa qualité. Le critère économique est tout aussi déterminant. Seuls les gisements exploitables aux conditions économiques actuelles sont considérés comme des réserves dites prouvées. La notion de réserves est donc évolutive. De nouveaux gisements jusqu'ici inconnus sont régulièrement découverts, les techniques de détection et d'extraction s'améliorent. Des pétroles auparavant considérés comme inexploitables – tels que les schistes bitumineux ou les bruts extra-lourds – deviennent ainsi économiquement intéressants grâce aux progrès techniques. De la même manière, une augmentation durable des prix du pétrole peut permettre de rentabiliser des gisements autrefois considérés comme inexploitables. Calculées en années de production, les réserves de pétrole atteignent ainsi actuellement 41 ans, contre 38 ans en 1983.

LEXIQUE

[Schiste bitumineux]
Roche à forte concentration en matière organique (kérogène), dont on peut extraire, par traitement thermique, une huile semblable au pétrole.

LEXIQUE

[Brut extra-lourd]
Simili-goudron qui doit être raffiné deux fois avant d'être transformé en essence.

La Norvège, un producteur discret

La Norvège est le 5e producteur mondial de gaz naturel et le 12e producteur mondial de pétrole. Les besoins du pays étant limités (4,5 millions d'habitants), plus de 90 % de la production de pétrole est exporté, ce qui le place au 3e rang des exportateurs de pétrole devant plusieurs pays de l'OPEP. Cette manne représente 32 % des recettes de l'État et 44 % des exportations. Les Norvégiens – surnommés « cheikhs aux yeux bleus » – ne font pourtant partie d'aucun club pour défendre leurs intérêts. Ils ont refusé d'adhérer à l'OPEP, tout comme à l'Union européenne d'ailleurs.

Une forte interdépendance entre pays producteurs et pays consommateurs

Le Moyen-Orient est au centre de l'échiquier pétrolier mondial car il bénéficie de deux atouts majeurs en matière énergétique : des réserves abondantes et des coûts d'extraction parmi les plus bas au monde. L'épuisement – ou du moins le déclin – des réserves des grandes zones de consommation, comme les États-Unis et l'Europe, renforce son pouvoir.

La dépendance des pays consommateurs à l'égard du Moyen-Orient

La cartographie des échanges mondiaux de pétrole illustre parfaitement le rôle déterminant du Moyen-Orient. En 2009, sa production était de 1 156,4 million de tonnes dc pétrole (30% du total mondial). 822,1 millions de tonnes ont été exportées, ce qui représente 43,4% des échanges internationaux.
Cette zone irrigue tous les continents, même si l'Europe et surtout les États-Unis ont réussi à limiter leur dépendance. Les importations en provenance du Moyen-Orient représentent respectivement 14% et 10% de leur consommation. Jusqu'à présent, la diversification géographique des approvisionnements a été la principale stratégie pour aboutir à ce résultat. En revanche, 90 % de la consommation japonaise et 41% de la consommation des autres pays asiatiques (hors Chine) provient du Moyen-Orient.
Le rôle de cette région dans les approvisionnements mondiaux devrait donc se renforcer à mesure de la croissance des besoins et du déclin de la production des grands pays consommateurs. La situation de la Chine est particulièrement instructive sur ce plan. En effet, si la production américaine décline régulièrement à un taux d'environ 1,5 % par an depuis dix ans, ainsi que sa consommation depuis 2006, et ce, grâce à l'exploitation des gaz non conventionnels, de son côté, la Chine – qui était presque autosuffisante il y a dix ans – doit désormais importer environ 55% de ses besoins.

La dépendance économique des pays producteurs aux pays consommateurs

En matière pétrolière, la dépendance est à double sens, les pays producteurs – en particulier ceux du Moyen-Orient, d'Amérique latine et d'Afrique – l'étant aussi fortement

Pipeline dans le désert d'Arabie saoudite. Ce pays de l'or noir recèle dans son sous-sol les réserves prouvées les plus importantes de la planète, ce qui en fait le premier producteur mondial.

des économies occidentales dans plusieurs domaines.
Elle est tout d'abord économique car la rente pétrolière est primordiale dans les recettes budgétaires des pays producteurs. Ainsi, les revenus pétroliers représentent environ 75 % du budget saoudien et 50 % du budget iranien.

Cartes *(pages suivantes)*

Trois facteurs principaux expliquent l'intensification des flux d'échanges pétroliers et gaziers à l'échelle mondiale : une demande toujours croissante, une répartition très inégale des réserves sur la planète et une volonté de diversification des approvisionnements.

Les grands flux d'échanges pétroliers en 2009 (en millions de tonnes)

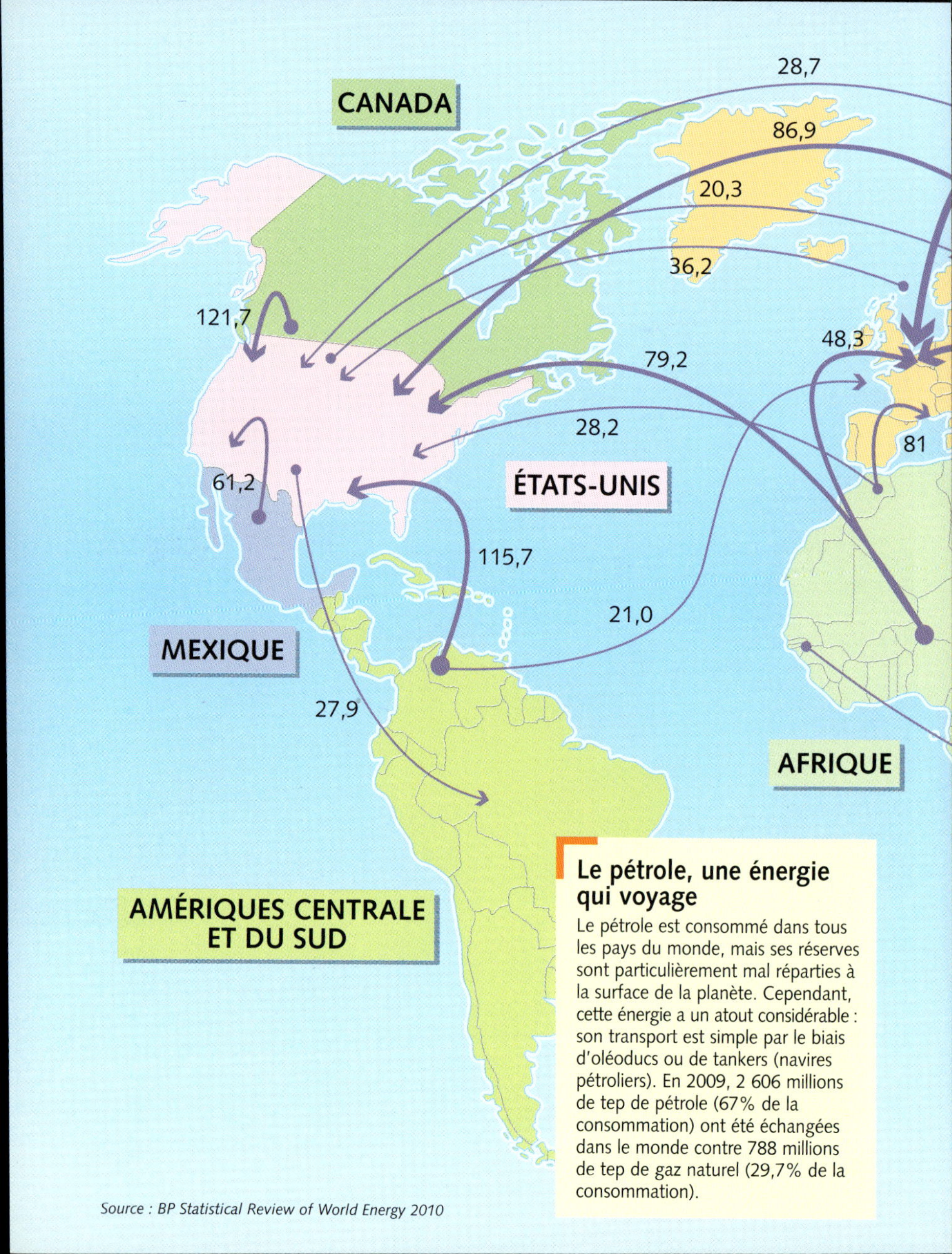

Le pétrole, une énergie qui voyage

Le pétrole est consommé dans tous les pays du monde, mais ses réserves sont particulièrement mal réparties à la surface de la planète. Cependant, cette énergie a un atout considérable : son transport est simple par le biais d'oléoducs ou de tankers (navires pétroliers). En 2009, 2 606 millions de tep de pétrole (67% de la consommation) ont été échangées dans le monde contre 788 millions de tep de gaz naturel (29,7% de la consommation).

Source : BP Statistical Review of World Energy 2010

Le choix d'une stratégie de diversification

Pour des raisons de sécurité des approvisionnements, les pays varient au maximum leurs sources de pétrole. Les États-Unis – premier pays importateur de pétrole – sont ainsi alimentés par leurs proches voisins, le Canada (première source d'importation) et le Mexique, mais également par toutes les autres grandes zones de production : le Moyen-Orient, l'Afrique, l'Amérique du Sud et même l'Europe. L'ex-URSS ne représente actuellement que 5% des importations américaines, mais à l'avenir, cette part devrait augmenter.

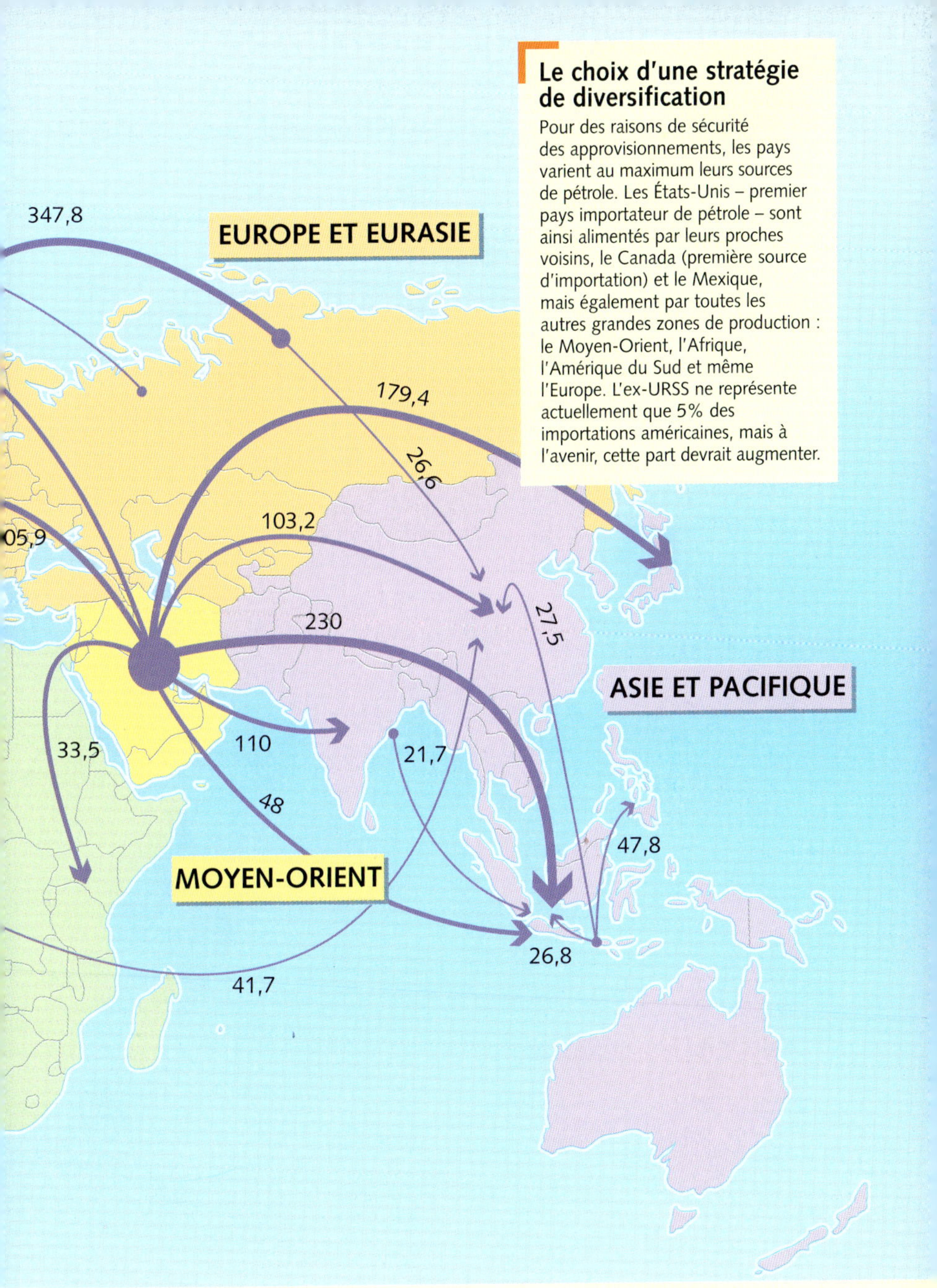

Flux d'échanges pétroliers

Les grands flux d'échanges gaziers en 2009 (en milliards de m³)

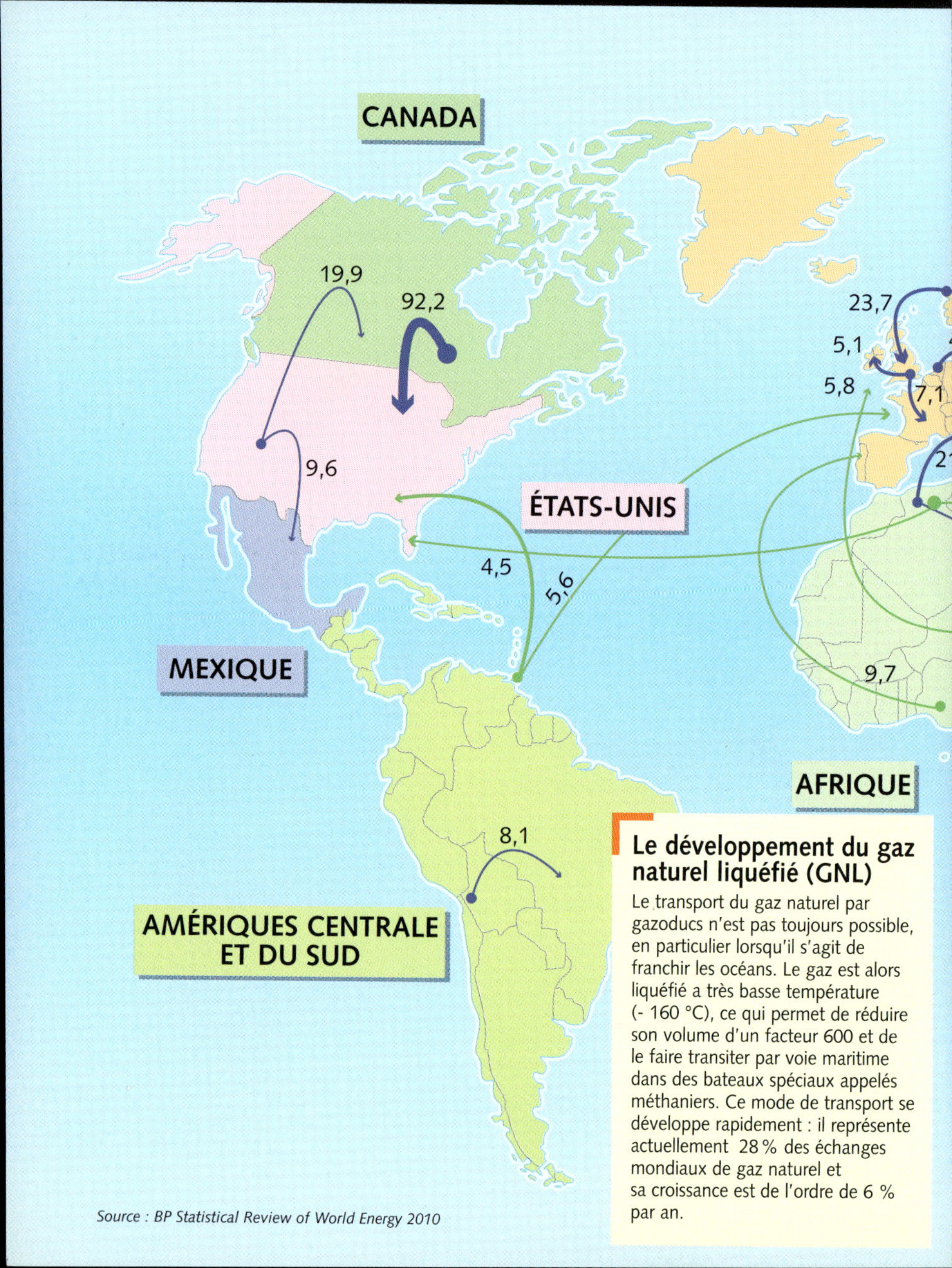

Source : BP Statistical Review of World Energy 2010

Le développement du gaz naturel liquéfié (GNL)

Le transport du gaz naturel par gazoducs n'est pas toujours possible, en particulier lorsqu'il s'agit de franchir les océans. Le gaz est alors liquéfié a très basse température (- 160 °C), ce qui permet de réduire son volume d'un facteur 600 et de le faire transiter par voie maritime dans des bateaux spéciaux appelés méthaniers. Ce mode de transport se développe rapidement : il représente actuellement 28 % des échanges mondiaux de gaz naturel et sa croissance est de l'ordre de 6 % par an.

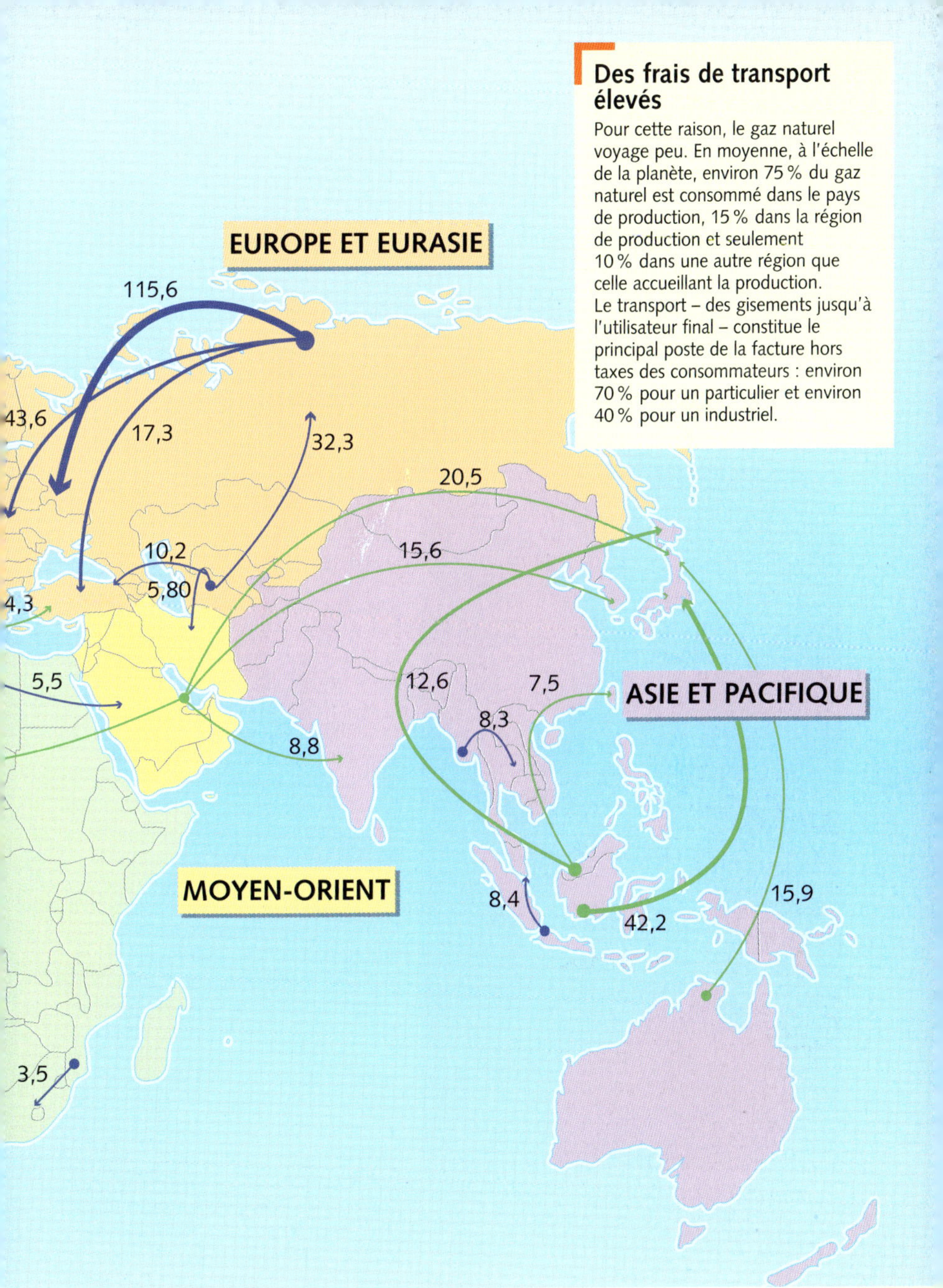

Des frais de transport élevés

Pour cette raison, le gaz naturel voyage peu. En moyenne, à l'échelle de la planète, environ 75 % du gaz naturel est consommé dans le pays de production, 15 % dans la région de production et seulement 10 % dans une autre région que celle accueillant la production.
Le transport – des gisements jusqu'à l'utilisateur final – constitue le principal poste de la facture hors taxes des consommateurs : environ 70 % pour un particulier et environ 40 % pour un industriel.

Flux d'échanges de gaz naturel

Flux d'échanges de gaz liquéfié

Les stocks stratégiques

Tous les pays consommateurs ont mis en place des capacités de stockage. Ces stocks correspondent le plus souvent à environ 90 à 100 jours de consommation, voire 150 jours comme au Japon. Aux États-Unis, c'est l'État qui les gère directement et le président est le seul décisionnaire en matière de déstockage. En France, c'est une agence – en coopération avec les acteurs pétroliers – qui gère les capacités.
Les stocks stratégiques ont été constitués pour répondre à une éventuelle rupture des approvisionnements. Désormais, ce risque est faible car le marché est mondial et des possibilités d'approvisionnements alternatifs existent (marché spot). En revanche, ces stocks jouent un rôle majeur en période d'augmentation des cours – le déstockage peut alors permettre d'amortir, temporairement, les effets d'une hausse des prix. Ils peuvent même contribuer à baisser les prix – en cas d'action concertée des pays consommateurs – en réduisant la demande. La Commission européenne a d'ailleurs envisagé de « communautariser » les stocks pour cette raison, mais ce projet a été abandonné faute de consensus sur le sujet.

Méthanier à quai. Lorsque la pose d'un gazoduc sous-marin est impossible, le gaz naturel est transporté par mer sous forme liquide.

LEXIQUE

[Marché spot]
Marché au comptant portant sur les devises, les taux ou les matières premières.

Toute baisse durable des prix et/ou de la production peut donc avoir des effets désastreux sur l'économie de la plupart des producteurs, en particulier pour les plus pauvres (comme le Nigeria et le Venezuela).
Ensuite vient la dépendance financière, qui correspond au placement des pétrodollars. Les principales monarchies du Golfe ont largement réinvesti leurs rentes pétrolières dans les économies occidentales. En 2000, les pays du Moyen-Orient étaient crédités de 800 milliards de dollars d'avoirs investis dans l'immobilier, des emprunts d'État et des actions. Le rendement de ces actifs est directement lié à la santé des économies occidentales, elles-mêmes tributaires, en partie, des cours du pétrole.
Enfin, plusieurs pays sont dépendants militairement, comme l'a démontré la première guerre du Golfe.
La coalition internationale – conduite par les États-Unis – est entrée dans cette zone après l'invasion du Koweït par l'Iraq. Depuis, les Américains y sont fortement présents.

Typologie des risques et conséquences sur le marché pétrolier

L'interdépendance est donc réelle entre les pays consommateurs et les pays producteurs. Un équilibre mondial du marché pétrolier serait donc bénéfique pour toutes les parties. Pour autant, les risques de tensions sont multiples.

Les risques d'ordre conjoncturel

Il s'agit alors de tensions dont les facteurs déclencheurs peuvent être politiques et sociaux. La crise vénézuélienne au début de l'année 2004 en est un bon exemple. À la suite d'une longue grève du personnel de l'industrie pétrolière nationale, les exportations du pays se sont presque taries, ce qui a généré des tensions sur l'équilibre offre/demande. Les cours ont, bien entendu, réagi à la hausse. Le conflit a duré quelques semaines et ses conséquences ont été mineures sur les plans géopolitique et économique. Les stocks des pays consommateurs ont joué leur rôle d'amortisseur. Ce type de crise a un impact temporaire sur les prix et les volumes.
Mais les véritables risques sont ailleurs.

Les risques géopolitiques

Résultant de difficultés géopolitiques structurelles, ils ont trois origines et sont relativement interdépendants.

Le risque de conflit

C'est la première source de tension vive. L'histoire récente est malheureusement riche dans ce domaine. On peut rappeler à cet égard la guerre opposant l'Iraq à l'Iran (de 1980 à 1988), l'invasion du Koweït par l'Iraq, qui a déclenché la première guerre du Golfe (1991) et, dernièrement, la seconde guerre du Golfe (2003). Si, contrairement au deux premiers conflits, l'initiative du dernier revient uniquement à des pays extérieurs au Golfe (États-Unis et Grande-Bretagne en tête), le risque d'un conflit embrasant toute la région ne peut pas être écarté.
Les raisons d'un tel conflit sont nombreuses. Les frontières des pays de la zone sont contestées depuis la fin du colonialisme britannique. L'enjeu est, notamment, la localisation des gisements – qui a motivé l'invasion du Koweït par l'Iraq.
Plus globalement, le conflit israélo-palestinien est également un facteur de déstabilisation de toute la zone.

La montée en puissance de l'extrémisme religieux

Une partie de la population du Moyen-Orient est en cours de radicalisation, notamment en réaction à la politique extérieure américaine. Le soutien à Israël, l'intervention sans réelle justification contre l'Iraq (absence d'armes de destruction massive) et l'omniprésence américaine dans la région (base au Koweït et en Arabie saoudite, considérée comme une terre sainte) sont autant de facteurs de radicalisation. Les conséquences de ce mouvement sont d'abord internes avec le risque de guerre civile, mais elles pourraient également dégénérer en conflit opposant plusieurs pays en fonction de l'équilibre des courants religieux.

Oléoduc en flammes (Iraq). Attaques et actes de sabotage contre les installations énergétiques ont pour objectif de créer de fortes répercussions sur le marché pétrolier.

Le terrorisme

Cette dernière catégorie de risques est étroitement liée à la possibilité de conflit et au fondamentalisme religieux. Depuis quelques années, les exemples sont malheureusement nombreux dans la région : du Yémen (attaque d'un pétrolier) à l'Arabie saoudite (vague d'attentats depuis plusieurs mois) en passant par l'Iraq (risque d'une guerre civile), où les installations pétrolières peuvent être des cibles. Ainsi, du 28 juin 2004 – date du transfert d'autorité au gouvernement irakien – au début du mois d'août 2004 – soit un peu plus d'un mois –, les oléoducs irakiens ont subi huit sabotages. Même quand les installations énergétiques ne sont pas visées, les attaques ont des répercussions sur le marché pétrolier par le biais des anticipations de difficultés d'approvisionnement. Lorsque ces différents événements se manifestent, les tensions sur le marché pétrolier resurgissent. La montée des cours du pétrole depuis quelques mois en est une illustration probante.

Les richesses pétrolières de l'Asie centrale : objet de toutes les convoitises

Le meilleur moyen de réduire la dépendance énergétique est de diversifier les sources d'approvisionnements. Cette stratégie est menée par la plupart des pays consommateurs (États-Unis, Europe, etc.).

Dans ce contexte, l'ex-URSS, avec ses réserves colossales – 16,7 milliards de tonnes pétrole, soit environ 9% des réserves mondiales –, attise la convoitise des pays consommateurs. La Russie dispose des réserves les plus importantes avec 10,2 milliards de tonnes, mais l'Azerbaïdjan, le Kazakhstan, l'Ouzbékistan et le Turkménistan ont également des arguments à faire valoir.

La Russie au centre d'un jeu politique complexe

Après un creux estimé en 1998 à 6,2 millions de barils par jour, la Russie est devenue le premier producteur mondial avec 10,03 millions de barils par jour en 2006, le deuxième producteur étant l'Arabie saoudite avec 9,7 millions de barils par jour. Dotée de réserves importantes et contre-pouvoir de l'OPEP, elle entend jouer un rôle de premier plan dans l'approvisionnement mondial en pétrole. C'est pour cette raison qu'elle se retrouve actuellement au centre d'une lutte d'influence regroupant toutes les parties de l'industrie pétrolière mondiale : OPEP, États-Unis, Europe, Japon, Chine et compagnies internationales. L'engagement des autorités russes en matière pétrolière revêt trois dimensions.

Exercer des pressions sur les oligarques

La première dimension est interne : elle oppose les autorités russes aux oligarques de l'industrie nationale pétrolière. En effet, la Russie est un des seuls grands pays producteurs dont la production relève, en grande partie, du secteur privé. Une dizaine de compagnies se partagent le marché depuis la privatisation du secteur en 1992. Un mouvement de concentration est à l'œuvre, comme l'illustre la reprise de Sibneft par Ioukos.

Dans le même temps, les compagnies russes sont convoitées par les compagnies occidentales. BP a ainsi mis la main sur 50 % de TNK pour 6,5 milliards de dollars en avril 2003.

Carte *(pages suivantes)*

Enjeu potentiel, l'Asie centrale est l'objet d'un intérêt grandissant de la part des pays consommateurs pour deux raisons majeures : sa position stratégique et le fait que cette zone dispose des réserves et des capacités de production pouvant satisfaire la demande pour les trente ans à venir.

Les enjeux pétroliers et gaziers

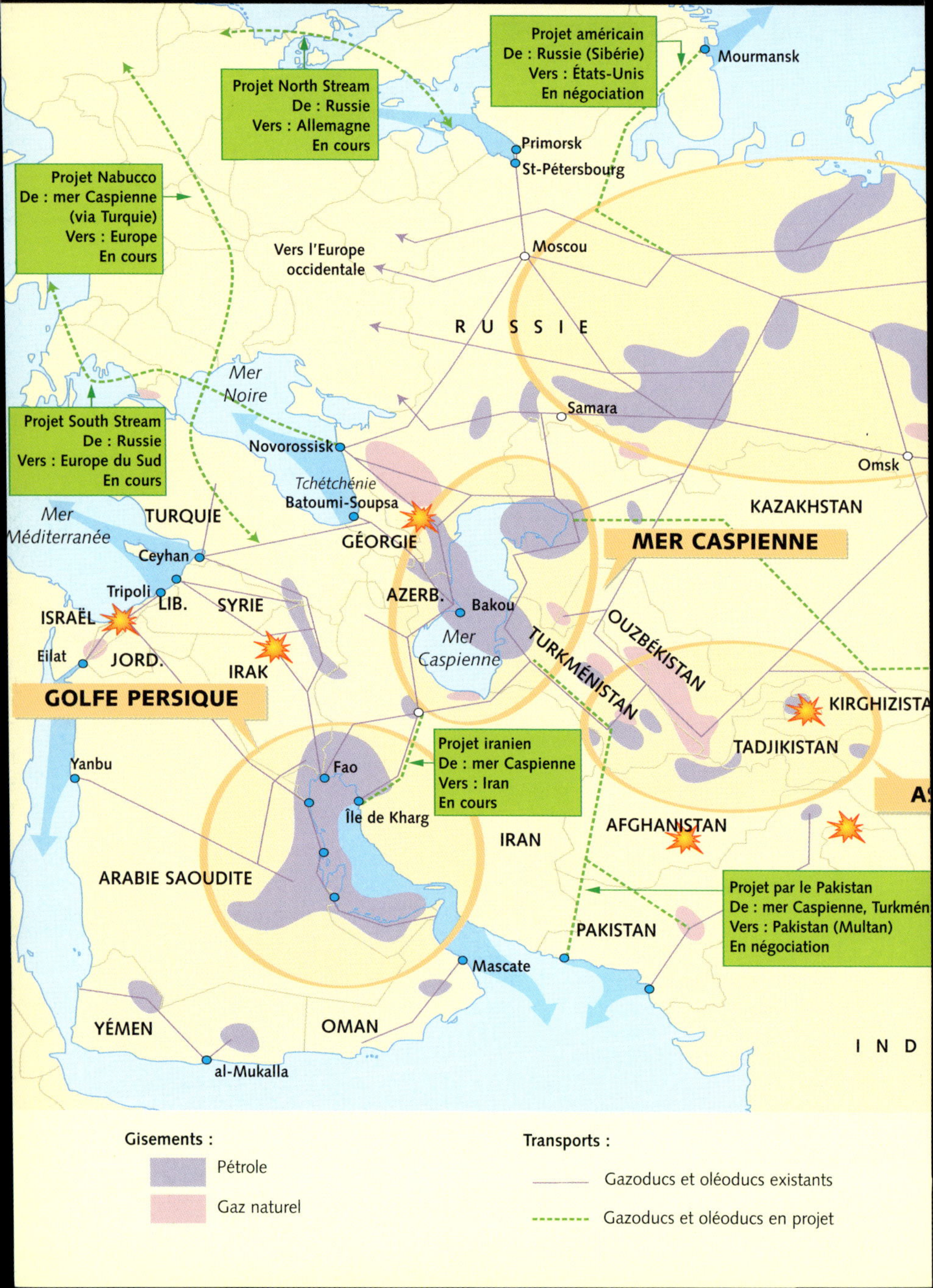

De nombreux projets de gazoducs et d'oléoducs en compétition

Ces projets donnent lieu à une lutte diplomatique et économique entre les pays consommateurs et les sociétés qui les représentent pour convaincre les autorités locales de l'intérêt de leurs projets respectifs. Ainsi, l'Europe et les États-Unis « s'affrontent » pour l'accès aux ressources de la mer Caspienne alors que Japonais et Chinois se disputent celles en provenance du lac Baïkal (Sibérie). En 2005, Allemands et Russes s'entendent sur un projet de gazoduc qui reliera leurs pays par la mer Baltique, au grand dam des Polonais et des Baltes.

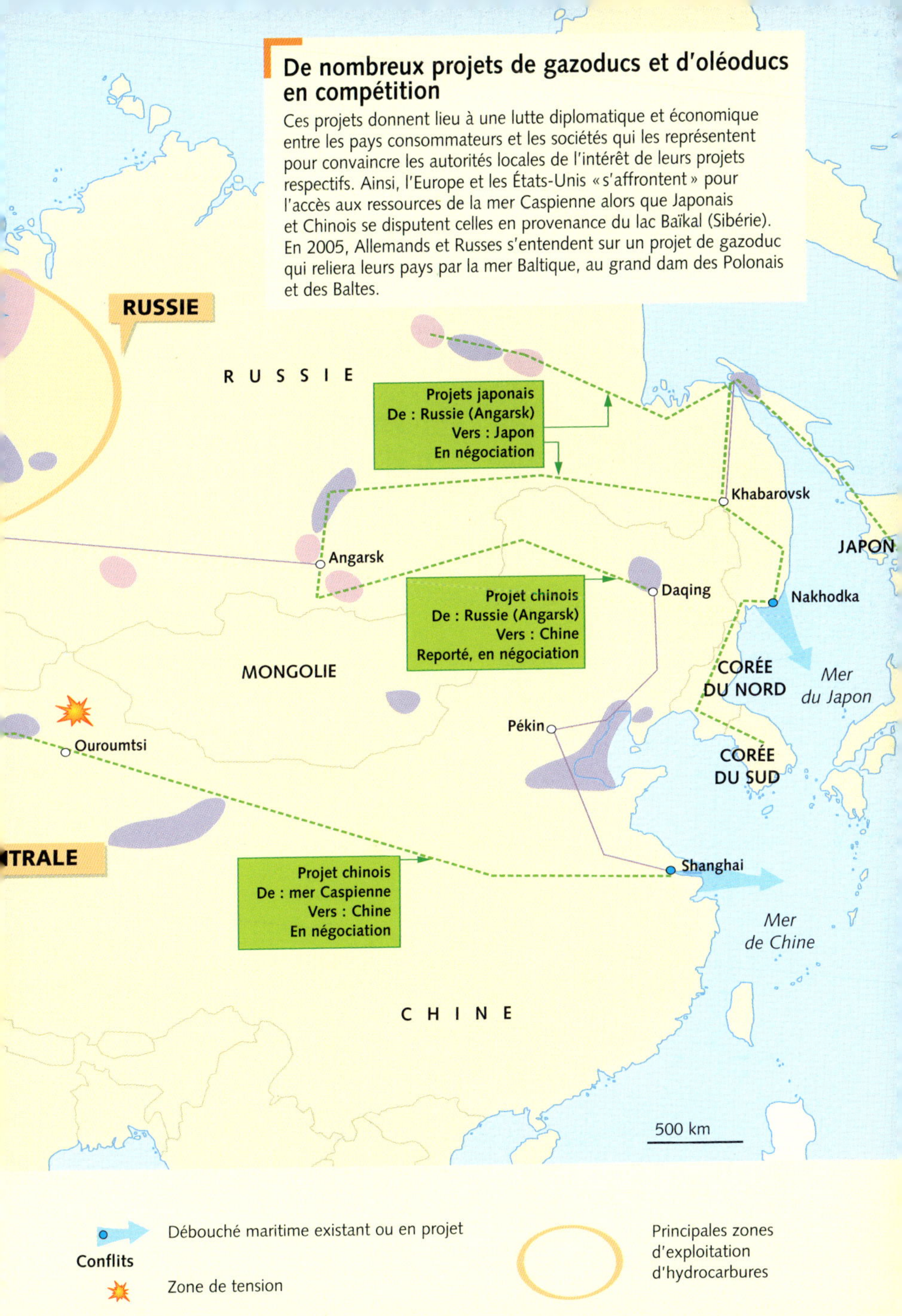

Réunion à Moscou entre le chef de la diplomatie russe, Igor Ivanov, et son homologue iranien, Kamal Kharrazi, afin d'endiguer la chute des cours du pétrole d'avril 2002.

Il s'agit de la première acquisition d'une compagnie pétrolière par des capitaux étrangers. Début octobre 2003, Exxon Mobil semblait disposé à acquérir 40 % de Ioukos-Sibneft pour 25 milliards de dollars. Par cette opération, les États-Unis auraient repris l'avantage sur l'Europe – BP étant une compagnie britannique. Peu de temps après, le parquet général russe s'est à nouveau intéressé à Ioukos et à son actionnaire Mikhaïl Khodorkovski. Le non-paiement d'impôts – équivalent à 3,4 milliards de dollars – et des escroqueries figurent sur la liste des accusations. Sans préjuger du bien-fondé de l'action judiciaire, cette initiative peut être interprétée comme la volonté de reprendre en main un secteur stratégique. En décembre 2004, l'essentiel de l'activité de production de pétrole de Ioukos a été reprise par une entreprise publique russe.

LEXIQUE

[Oligarchie]
Régime politique où l'autorité est entre les mains de quelques personnes ou de quelques familles puissantes.

Intervenir sur la destination même des exportations

La Chine et le Japon mènent actuellement des actions de lobbying féroces pour séduire la Russie. Deux projets d'oléoducs sont, en effet, en concurrence. Tous deux partent d'Angarsk, sur les bords du lac Baïkal. Le projet défendu par la Chine arriverait à Daqing, dans le nord de la Chine. Cet oléoduc de 2 250 km permettrait d'acheminer, dans un premier temps, 20 millions de tonnes par an et 30 millions de tonnes à terme. Son coût est estimé à plus de 2,5 milliards de dollars.
Le second projet porte sur un oléoduc de près de 4 000 km se terminant à Nakodka, près de Vladivostok. Cette liaison permettrait d'acheminer 50 millions de tonnes de pétrole par an vers le Japon, la Chine, voire les États-Unis. Le coût du pipeline est évalué à 5,2 milliards de dollars. Il est défendu par Transneft et Rosneft, deux compagnies publiques russes. Pour le moment, rien n'est tranché ; fin 2003, les responsables russes ont indiqué que la décision demanderait beaucoup de temps.

Avoir un rôle influent sur le marché mondial du pétrole

Pour arriver à cet objectif, la Russie peut jouer sur deux tableaux : la coopération avec les États-Unis et l'Europe d'un côté, et avec l'Arabie saoudite de l'autre. Elle se pose ainsi en fournisseur de plus en plus important pour les pays consommateurs, mais entend également ne pas se mettre à dos l'OPEP et son principal membre, l'Arabie saoudite. En septembre 2003, les deux pays ont d'ailleurs signé un accord-cadre portant sur la coopération dans le domaine énergétique et, notamment, sur la fixation des prix. La Russie peut ainsi laisser à l'OPEP le soin de réguler le marché et d'influencer les prix tout en augmentant ses exportations.

L'autre terrain extérieur sur lequel ce pays entend également jouer un rôle de premier plan concerne les ex-républiques soviétiques, en particulier dans la zone entourant la mer Caspienne, richement dotée en réserves pétrolières. Les États-Unis ont, en effet, très nettement avancé leurs pions dans cette région. Cette présence se manifeste militairement d'abord avec des bases en Afghanistan, au Kazakhstan, en Ouzbékistan et en Turquie notamment. Politiquement, les Américains ont également œuvré pour l'indépendance des anciennes républiques soviétiques. Ils ont notamment aidé à la création d'une organisation régionale indépendante regroupant la Géorgie, l'Ukraine, l'Ouzbékistan, l'Azerbaïdjan et la Moldavie (GUUAM). Enfin, ils ont une influence économique dans toute la zone.

Dans cette région, les enjeux des luttes d'influence avec la Russie sont nombreux (sur la sécurité notamment), mais le pétrole est une nouvelle fois au centre des préoccupations. L'objectif contradictoire de chacune des parties est de contrôler les voies d'acheminement. La Russie et les États-Unis ont chacun remporté un succès important dans ce domaine. La première est parvenue à convaincre le Kazakhstan de renoncer aux propositions américaines de faire transiter son pétrole en évitant le territoire russe. De leur côté, les États-Unis ont finalisé la construction d'un oléoduc allant de Bakou (Azerbaïdjan) à Ceyhan (Turquie) en transitant par la Géorgie. Il s'agit du second pipeline de la région évitant la Russie.

La Russie peut-elle remplacer l'OPEP ?

Le rôle de cette nation sur la scène énergétique mondiale est appelé à prendre une nouvelle dimension. Une fois le pipeline partant des gisements de Sibérie jusqu'au port de Mourmansk achevé, le pétrole russe devrait représenter 10 % à 13 % des importations américaines, contre 3 % aujourd'hui.

Dès lors, la Russie peut-elle ouvrir ses vannes et menacer l'OPEP et l'Arabie saoudite? Il semble qu'elle n'en ait ni la volonté ni les moyens. Ses intérêts convergent avec ceux de l'OPEP. Les deux parties ont en effet intérêt à ce que les prix soient à des niveaux relativement élevés. Ce qui peut paraître souhaitable pour l'OPEP est d'ailleurs un impératif pour la Russie car ses coûts de production sont bien supérieurs à ceux des membres de l'OPEP, se situant entre 12 et 15 dollars par baril en Sibérie – en raison des conditions extrêmes (gel et froid) –, contre 2 à 4 dollars par baril dans le Golfe. Par ailleurs, le développement des gisements nécessite des investissements colossaux que les compagnies russes ne peuvent pas toutes mobiliser. Les compagnies occidentales sont aux aguets, mais les conditions d'intervention ne sont pas toujours très claires.

Enfin, le transport du pétrole pose également un problème. Les champs de Sibérie occidentale et orientale sont loin de la mer et une grande partie des ports est prise dans les glaces l'hiver. Ce maillon aux mains des autorités russes est d'ailleurs à l'origine de tensions avec le secteur privé, comme en témoigne la concurrence entre les deux projets d'acheminement du pétrole partant d'Angarsk.

La stratégie de diversification des approvisionnements des États-Unis

Bien que situés au troisième rang mondial en matière de production, les États-Unis sont le plus souvent considérés comme un pays consommateur car ils importent une part grandissante de leurs besoins. En 2009, leur production de pétrole a atteint 325,3 millions de tonnes, soit 8,5% du total mondial.

Enrayer le déclin de la production

Pour atteindre ce but, les Américains cherchent notamment à exploiter au mieux leur propre territoire. La dernière grande manœuvre est à l'initiative du vice-président Dick Cheney, qui a proposé en 2001 – avec l'appui du lobby pétrolier proche de l'administration Bush – d'exploiter les champs de la réserve nationale de l'Arctique, en Alaska – deuxième zone de production américaine derrière le Texas. Ce projet, qui soulève de nombreuses critiques du Sénat et des associations écologistes, est actuellement en discussion entre la Chambre des représentants et le Sénat. Le golfe du Mexique est également sollicité. Il représente plus de 30 % de la production actuelle et devrait contribuer à 40 % des approvisionnements en 2010.

Le président russe Vladimir Poutine lors de l'inauguration de la première station essence Lukoil, à Manhattan, avec le sénateur de New York, Charles Schumer, et le P-DG de la société, Vagit Alekperov (septembre 2003).

Une dépendance croissante à l'égard de l'étranger

En 1973, les États-Unis importaient 35 % de leurs besoins pétroliers ; en 2009, ce taux est grimpé à 67%. Ils découvrent donc petit à petit deux nouvelles contraintes de la dépendance énergétique : impact des cours sur l'économie et sécurité des approvisionnements.

Le niveau des cours du pétrole est une donnée importante pour l'économie américaine. Mais un cours élevé a des impacts beaucoup moins négatifs pour les Américains que pour les autres pays dépendants tels que la France et le Japon. La raison tient tout simplement au fait que la prospérité d'une partie du sud des États-Unis – région de production de pétrole – est liée au cours du pétrole. Dans une certaine mesure, ce pays a donc des intérêts communs avec l'OPEP et les autres pays producteurs. Du moins, il se satisfait d'un cours « raisonnable » permettant d'assurer le développement des producteurs du Sud tout en ne freinant pas l'économie. La principale préoccupation américaine est donc bien la sécurité des approvisionnements. Par ordre décroissant, les principaux fournisseurs des États-Unis en pétrole sont le Canada, l'Arabie saoudite, le Venezuela, le Mexique et le Nigeria. Ces 5 pays assurent environ 75 % des approvisionnements américains, contre 53 % en 1973. Pendant longtemps, la stratégie de Washington a consisté à soutenir l'Arabie saoudite en contrepartie d'un accès à ses ressources. Mais les relations entre les deux pays sont de plus en plus tendues depuis le 11 septembre 2001, 15 des 19 terroristes étant de nationalité saoudienne.
Les États-Unis ont depuis révisé leur stratégie pétrolière et se sont lancés dans une politique de diversification de leurs approvisionnements pour limiter les risques de ruptures. D'autant que les relations avec le Venezuela sont également difficiles. Depuis son arrivée au pouvoir, Hugo Chávez menace régulièrement de suspendre les exportations de pétrole vers les États-Unis. Les relations tendues entre le Venezuela et les États-Unis sont une source supplémentaire de déstabilisation du marché mondial du pétrole.

À la recherche de nouvelles ressources

Les initiatives sont donc nombreuses, en particulier en ex-URSS. Les prises de positions aux alentours de la mer Caspienne et les accords avec la Russie sont autant de voies pour réduire l'influence de l'Arabie saoudite.
Mais les États-Unis s'intéressent également à l'Afrique. Actuellement, ce continent représente 19 % des importations américaines de brut. En 2015, cette proportion pourrait atteindre 25 %.
Les pays cibles sont le Congo, le Gabon, la Guinée équatoriale et surtout l'Angola. Washington a rétabli des liens diplomatiques avec ce dernier depuis douze ans, et les majors américaines sont devenues les premiers investisseurs étrangers dans ce pays.

Le retour de l'Iraq sur la scène pétrolière

Ce pays est au 4e rang mondial en ce qui concerne ses réserves de pétrole, mais ne s'est placé qu'à la 8e place en matière de production en 2009. Trois guerres l'ont relégué au rang de producteur de second plan. Les installations pétrolières sont délabrées et les pillages fréquents, sans compter les sabotages.
Longtemps soumise à l'accord « pétrole contre nourriture », cette nation veut maintenant doper sa production.
Les ambitions dévoilées par le ministre irakien du pétrole étaient de produire 3,5 à 4 millions de barils par jour à partir de 2005. Mais le pays n'a produit que 4,2 millions de barils en 2009 tant il est encore instable.
De plus, les investissements nécessaires sont colossaux.
Les estimations sont de 5 milliards de dollars pour remettre les installations en état et de 20 milliards de dollars pour doubler la production. Le retour de l'Iraq permettrait pourtant de réduire les tensions sur le marché.

La Russie, réservoir gazier de l'Europe

Les réserves de gaz russes sont évaluées à 44 380 milliards de m³, soit 24% des réserves mondiales (84 ans au rythme de production actuel). Ce pays joue d'ores et déjà un rôle majeur dans les approvisionnements européens. 40% du gaz consommé en Allemagne provient de Russie. En Italie et en France, la proportion atteint respectivement 29% et 19%.

Un partenaire incontournable

Les réserves en Europe de l'Ouest se montent, quant à elles, à 4 820 milliards de m³ (17 ans), celles du Royaume-Uni – le premier producteur de la zone – se limitent même à 5 ans. L'Europe se tourne donc de plus en plus vers la Russie, même si d'autres pistes sont explorées. C'est la compagnie semi-publique Gazprom qui contrôle l'industrie gazière russe. Fort de la richesse de ses ressources gazières, Gazprom se lance à la conquête des marchés ouest-européens. L'entreprise russe ne veut plus être simplement un fournisseur de l'Europe, elle veut s'implanter sur les marchés pour vendre directement son gaz aux consommateurs.
Gazprom fournit au marché français 6% de sa consommation. Elle a signé avec la France un accord concernant la construction du gazoduc North Stream. Elle intervient également en Allemagne et on lui a récemment prêté l'intention de racheter Centrica, le principal fournisseur de gaz naturel britannique.

Des associations inévitables

Mais, comme dans le cas du pétrole, l'augmentation de la production russe prendra du temps. Les réserves gazières sont proches des réserves pétrolières, c'est-à-dire dans des régions éloignées et aux conditions difficiles. Les investissements à consentir sont colossaux et l'intervention des compagnies européennes et américaines sera vraisemblablement indispensable. Une des solutions

Gazprom, un géant du gaz naturel qui investit dans le pétrole et l'électricité

Gazprom détient les premières réserves mondiales de gaz naturel au monde et cherche, depuis quelques années, à se développer sur les marchés européens. L'entreprise est également devenue le bras armé de la politique énergétique russe. Gazprom contribue ainsi à la reprise en mains des actifs pétroliers russes par l'État après le rachat de plusieurs entreprises et en contestant les positions dans des gisements pétroliers de plusieurs sociétés étrangères (BP et Shell principalement). Depuis peu, Gazprom montre un intérêt grandissant pour l'électricité.

possibles pour contourner le problème est de lutter contre les gaspillages dont les sources sont nombreuses (fuites, rendements très insuffisants des appareils, obsolescence des équipements, etc.). Les pertes évitées permettraient d'accroître les quantités disponibles pour l'exportation de manière significative. Dans les années à venir, la Russie va acquérir une position dominante dans le domaine du gaz car, à terme, tous les grands pays consommateurs recourront au gaz russe. Même les États-Unis en auront besoin, comme l'a souligné Donald Evans, alors ministre du Commerce américain, en déclarant lors du sommet énergétique russo-américain de septembre 2003 : *« Il arrivera un jour où les États-Unis compteront sur la Russie pour la fourniture de gaz naturel. »*

Le plus grand pipeline de gaz au monde. Long de 4 450 km et d'un diamètre de 1,42 m, il transporte le gaz russe de l'océan Arctique à la frontière tchèque pour finalement rejoindre les pipelines de l'Europe de l'Ouest.

L'économie de l'énergie est actuellement en pleine évolution et le secteur s'ouvre de plus en plus à la concurrence. Longtemps considérée comme un domaine stratégique relevant uniquement de la sphère publique, l'énergie est en voie de marchandisation et de financiarisation.
Entamé il y a longtemps pour le pétrole et le charbon, ce processus gagne depuis la fin des années 1990 les marchés de l'électricité et du gaz naturel des économies occidentales.

La Bourse du pétrole de Londres (IPE). Le premier marché à terme et d'options énergétiques d'Europe est à la fois un marché à la criée et un marché électronique. Plus de 2 milliards de dollars s'y échangent quotidiennement.

L'énergie : des marchés en pleine expansion

L'organisation des marchés de l'énergie

Les marchés de l'énergie sont de plus en plus concurrentiels, en particulier dans les pays les plus riches, comme en Europe et en Amérique du Nord. Les événements récents les plus importants sont l'ouverture à la concurrence des marchés de l'électricité en 1999 et celle des marchés gaziers en 2000 en Europe.

L'ouverture des marchés à la concurrence

Le principe fondateur de cette réforme est d'offrir au consommateur la possibilité de choisir le fournisseur de son choix, alors qu'il lui était auparavant imposé. Cette ouverture à la concurrence a été progressive, l'éligibilité des consommateurs étant fixée selon le niveau de consommation.

La fusion Gaz de France - Suez

Après environ deux ans de discussions politiques et de batailles boursières, Gaz de France et Suez ont fusionné au premier semestre 2008. À l'origine, c'est Enel, la compagnie d'électricité italienne, qui ambitionnait de racheter Suez. Mais l'État français n'a pas souhaité que Suez soit reprise par une société étrangère, considérant que ses activités (notamment dans la gestion de l'eau) devaient rester « entre les mains de la France ». L'idée d'une fusion entre Suez et Gaz de France a alors émergé. Sur le plan industriel, les deux entreprises présentent, en effet, de nombreuses complémentarités dans le gaz naturel et l'électricité. L'État français, premier actionnaire de Gaz de France, conserve une part d'environ 36% dans le nouvel ensemble.

En Europe : un processus en trois étapes

La première étape correspond à l'ouverture aux gros consommateurs, représentés par les industries énergivores (sidérurgie, papeterie, verrerie, chimie, etc.). Dans un deuxième temps, l'ouverture concerne toutes les entreprises (y compris les professions libérales) et les services publics. L'échéance pour cette phase avait été fixée au 1er juillet 2004. Enfin, la possibilité de choisir son fournisseur a été accordée aux clients particuliers le 1er juillet 2007.
De nombreux pays ont décidé d'anticiper ces échéances, comme le Royaume-Uni, l'Allemagne ou encore l'Espagne, où tous les consommateurs de gaz naturel et d'électricité ont pu choisir leur fournisseur avant les dates arrêtées.
La France a, en revanche, respecté scrupuleusement les échéances et a même eu tendance à prendre du retard – comme en témoigne la transposition de la directive européenne sur l'électricité avec un an de retard (en 2000 au lieu de 1999 au plus tard). Les réticences françaises s'expliquent par la contestation des syndicats et d'une partie de la population, opposés à l'ouverture à la concurrence.

Un choix fondé sur l'efficience supposée des marchés

La Commission européenne partait du constat que les prix de l'énergie étaient moins élevés en Amérique qu'en Europe, limitant ainsi la compétitivité de l'industrie européenne. Cette dernière a d'ailleurs fait beaucoup de lobbying pour favoriser la libéralisation des marchés. La concurrence devait faire baisser les prix. Il est vrai que certains systèmes électriques – comme en Italie et en Allemagne – méritaient une réforme structurelle lourde tant les prix étaient élevés. Le système français était, en revanche, un des plus performants d'Europe, d'où la réticence de certains.

De 1999 à 2003, les prix de l'électricité ont effectivement baissé, jusqu'à 40 %, voire 50 % en Allemagne. Mais de 2004 à 2006, ils ont fortement augmenté et ils sont désormais très volatils.

Manifestation contre la privatisation d'EDF et de GDF (Paris, 2004). Malgré une forte mobilisation des salariés et des syndicats, le gouvernement français a modifié le statut d'EDF – première compagnie mondiale d'électricité – qui devient ainsi une société privée.

Pourquoi les prix ont-ils tendance à augmenter ?

Tout d'abord, la forte baisse des prix juste après l'ouverture à la concurrence ne permettait pas toujours de rentabiliser l'outil de production. Cette situation n'était donc pas tenable à terme. Par ailleurs, l'ouverture génère de nouvelles charges, en particulier pour mieux mesurer les consommations des clients. De plus, la hausse des cours des matières fossiles accroît les coûts de production de l'électricité produite à partir de ces énergies. Enfin, la financiarisation des marchés a également un rôle dans cette évolution.

Les États-Unis et le Canada se sont engagés dans la même voie pour leur marché de l'électricité et du gaz naturel. Si ces processus sont très spectaculaires dans le cas du gaz naturel et de l'électricité, les autres marchés de l'énergie poursuivent également leur processus d'ouverture. La possibilité pour les enseignes de la grande distribution de vendre des carburants sur les autoroutes françaises en est une illustration.

LEXIQUE

[Lobbying]
Action menée par un groupe de pression.

Le désengagement des États

Parallèlement aux mouvements d'ouverture à la concurrence, les États se désengagent de plus en plus de la gestion des énergies. Ce retrait public prend des formes différentes.

Dans les pays occidentaux

Les nations laissent de plus en plus aux marchés le soin de fixer les prix, ce qui ne leur interdit pas, bien entendu, de tenter d'agir sur les déterminants de l'offre et de la demande pour faire évoluer les prix, la fiscalité jouant alors un rôle majeur. La marchandisation de l'énergie s'accompagne aussi du retrait des États dans le capital des compagnies. Les exemples de privatisations ou d'ouverture du capital sont très nombreux depuis une douzaine d'années. Ainsi, la compagnie pétrolière française Elf a été privatisée en 1994. Dans le domaine de l'électricité, la part de l'État italien dans le capital d'Enel – la première compagnie du pays – n'est plus majoritaire après plusieurs opérations de vente de parts de l'entreprise. L'ouverture du capital d'EDF et de Gaz de France a eu lieu en 2005. Toutefois, des secteurs stratégiques comme l'industrie nucléaire restent le plus souvent aux mains des États. Le désengagement public ne signifie pas pour autant que le marché règne en maître sur les relations fournisseurs/consommateurs.
En effet, pour le gaz naturel et l'électricité, une nouvelle forme de régulation a vu le jour avec l'ouverture à la concurrence. Des autorités de régulation nationales, plus ou moins indépendantes, ont ainsi été créées partout en Europe. Elles ont pour tâche de définir les règles de concurrence et, surtout, de veiller à leur respect. Si pour le moment les résultats des processus d'ouverture à la concurrence ne sont pas probants, c'est sans doute parce que les régulateurs n'ont pas encore assez d'impact sur les règles du marché. Leur rôle est, néanmoins, de plus en plus important. La prochaine étape sera sans doute de créer un régulateur européen pouvant intervenir sur le marché.

Dans les pays dits en voie de développement

Ils ont également tendance à ouvrir leur secteur de l'énergie à la concurrence ou, du moins, aux capitaux étrangers. L'objectif est alors d'attirer des fonds pour permettre la rénovation et le développement des infrastructures. La plupart des pays d'Amérique latine ont ainsi largement ouvert leur secteur électrique et gazier aux investisseurs étrangers. Les compagnies européennes se sont ruées vers ce qui semblait être un eldorado. Endesa – la première compagnie d'électricité espagnole – est devenue le premier électricien du continent sud-américain à la suite d'acquisitions de producteurs et de distributeurs.
Les pays producteurs de pétrole et de gaz naturel font également appel aux capitaux étrangers. Les républiques d'ex-URSS en sont un exemple. Mais l'enjeu principal réside dans l'ouverture de l'amont pétrolier des membres de l'OPEP. Ce processus est en cours en Algérie, en Libye et au Venezuela, mais l'Arabie saoudite et le Koweït demeurent complètement hermétiques. Si le mouvement d'ouverture est réel, il est long et complexe. Les considérations politiques sont très présentes, en particulier pour l'Iraq, l'Iran et la Libye. De plus, les environnements juridiques ne sont pas toujours clairs.

La formation des prix de l'énergie

Le marché pétrolier a actuellement le mécanisme de formation des prix le plus complexe, témoignant d'une financiarisation croissante des marchés énergétiques. Trois références de pétrole servent d'index à la formation des prix : le Brent (pétrole de la mer du Nord), le WTI (West Texas Intermediate) *et le Dubayy (pour l'Asie et le Moyen-Orient).*

Chacun de ces pétroles sert de référence pour une région : l'Europe et l'Afrique pour le Brent, les Amériques pour le WTI et l'Asie et le Moyen-Orient pour le Dubayy. Les prix de tous les autres pétroles (de qualités différentes) dépendent de ces trois indices.

Traders à la Bourse de Londres (IPE). Ces agents professionnels ne se contentent pas d'acheter ou de vendre des contrats à terme et des options, ils doivent également gérer le risque de fluctuation des prix du marché.

La financiarisation des marchés

Les cours du pétrole sont fixés à chaque instant en fonction de l'offre et de la demande.
Il existe deux compartiments de marché. Le marché à court terme – qualifié de marché spot – correspond aux transactions inférieures à un mois en général. Il concerne surtout les opérateurs pétroliers qui s'échangent des cargaisons en fonction de leur besoin et de leur activité. La cargaison d'un tanker peut ainsi changer plusieurs fois de propriétaire au cours de son trajet.
Ces transactions donnent lieu à des livraisons de produits bruts ou raffinés. Les échanges sur le marché spot représentent

environ 30 % du commerce international de pétrole. Le second compartiment est le marché à terme. Les deux marchés les plus importants sont le NYMEX (New York Mercantile Exchange) et l'IPE (International Petroleum Exchange) à Londres.
Ces marchés fonctionnent comme une Bourse. Des transactions de long terme (jusqu'à quelques mois) sont réalisées par deux types d'acteurs : les compagnies pétrolières et des spéculateurs. Les premiers utilisent ce marché pour se couvrir contre le risque de volatilité des prix grâce à des instruments financiers complexes, alors que les seconds (banques, gestionnaires de fonds, etc.) jouent sur les fluctuations des cours en essayant d'anticiper leurs évolutions.

Pourquoi les cours sont-ils si volatils ?

Les cours sont donc fixés en fonction de l'offre et de la demande, mais ils ont tendance à surréagir à ces deux variables. C'est ce que l'on appelle la volatilité des cours. Ainsi, à la fin 1998, le baril de brut cotait moins de 9 dollars, alors que fin 2007, il valait presque 100 dollars. Pour autant, la consommation n'a pas été multipliée par 11 ou la production divisée par 11 entre ces deux périodes.
La volatilité des cours est, en grande partie, due à la spéculation, c'est-à-dire aux anticipations des cours à terme. Les transactions papier, qui sont purement financières, représentent 15 fois les transactions physiques. Toutefois, ces anticipations sont, le plus souvent, fondées sur des éléments tangibles liés à l'évolution de la demande et de l'offre. Ainsi, pour reprendre l'exemple ci-dessus, la chute des cours du pétrole en 1997/1998 résulte d'un accroissement de la production et d'une baisse de la demande liée à la crise asiatique. Au contraire, la flambée des cours actuelle s'explique par la hausse de la demande, dont la Chine est la principale responsable, et, du côté de l'offre, par des menaces sur les approvisionnements (Iraq, difficultés de Ioukos, situation tendue au Venezuela et au Nigeria).

Conférence au siège de l'OPEP à Vienne (2000). La mission première de ce cartel est de réguler quantité et prix du pétrole exporté par un effort coordonné de ses 11 pays membres – qui possèdent 75 % des réserves estimées de pétrole et fournissent 40 % de la production mondiale –, spécialement en instaurant un système de quotas. Ses décisions ont une influence sur le cours mondial du pétrole.

La politique de l'OPEP : le contrôle des prix par un pilotage de la production

L'organisation a attribué des quotas à chacun de ses 11 membres, qui peuvent être réévalués en fonction de l'évolution des cours. Elle a ainsi défini une fourchette de prix – de 22 à 28 dollars le baril – qui correspond à un équilibre entre la volonté de maximiser la rente des producteurs et les contraintes économiques des pays consommateurs.

Une stratégie difficile à appliquer

Elle consiste à faire évoluer sa production *via* les quotas pour maintenir les cours dans cette fourchette. C'est généralement l'Arabie saoudite – premier producteur de l'OPEP – qui joue le rôle d'amortisseur à la baisse. Mais les dépassements de quotas sont quasi systématiques de la part de certains producteurs (Nigeria en tête). De plus, depuis quelques années, le cartel se révèle totalement impuissant à endiguer la flambée des cours, qui se situent depuis de longs mois bien au-dessus du maximum de la fourchette. Il avait déjà été incapable d'éviter l'effondrement des cours en 1998.
En août 2004, le président de l'OPEP a lui-même reconnu l'impuissance de l'organisation à faire baisser les prix. Ses membres n'ont presque plus la capacité d'augmenter leur production. Le 1er août 2004, ils ont fixé leur seuil de production à 26 millions de barils par jour, alors même qu'en réalité ce dernier s'avère être largement dépassé. Mais les capacités excédentaires sont rares : elles représentent environ 1,5 million de barils par jour.

Une incapacité à produire plus et plus vite due aux sous-investissements

Les installations pétrolières ont vieilli et leur rénovation est longue faute de capitaux suffisants. Le niveau actuel des prix gonfle les recettes des pays producteurs et devrait les inciter à réaliser les investissements nécessaires. À terme, l'OPEP devrait retrouver des marges de manœuvre. Cela démontre que son influence sur le marché est variable et, en tout état de cause, limitée lorsque des chocs exogènes affectent le marché (comme la crise asiatique en 1997/1998 et les menaces de rupture des approvisionnements depuis 2004).

Powernext, la Bourse de l'électricité française

Des Bourses de l'électricité existent aujourd'hui un peu partout en Europe et en Amérique du Nord. Cette énergie s'y échange comme d'autres matériaux (pétrole, or, etc.). La création de ces institutions est récente, les plus anciennes datant des années 1990. Sur ces marchés organisés interviennent des producteurs, des distributeurs et des traders. L'objectif est de favoriser les échanges entre les compagnies d'électricité.
En France, la Bourse de l'électricité, Powernext, a été lancée en novembre 2001. Son capital est réparti entre Euronext (gestionnaire des Bourses de Paris et d'Amsterdam notamment), EDF, des électriciens étrangers et des banques. Les premières transactions d'électricité sur le marché spot ont eu lieu le 21 novembre 2001 alors que le marché à terme date du 18 juin 2004. En 2009, le volume total des transactions a représenté environ 7% de la consommation annuelle d'électricité de la France.

Pour l'électricité et le gaz naturel : des critères économiques et financiers

En Europe et en Amérique du Nord, la tendance est d'adopter les mêmes modes de détermination des prix que ceux du pétrole. L'ouverture à la concurrence des marchés de l'électricité et du gaz naturel a introduit la liberté des prix de vente.
Auparavant, lorsque les monopoles prévalaient, les prix de vente étaient décidés par les autorités publiques. Les critères de fixation étaient économiques, mais également politiques et sociaux. Aujourd'hui, ils sont purement économiques et financiers.

La fin de l'énergie bon marché ?

Pendant des décennies, l'énergie a été relativement bon marché grâce à sa profusion. Aujourd'hui, le baril de pétrole frôle les 100 dollars, les prix de l'électricité sont élevés et ceux du gaz naturel, indexés sur ceux du pétrole, augmentent rapidement... Nous sommes vraisemblablement entrés dans une ère d'énergie chère. La demande mondiale ne cesse de s'accroître et les ressources énergétiques sont de plus en plus difficiles et coûteuses à exploiter. Le baril pourrait ainsi s'installer durablement au-delà des 100 dollars. La principale réponse réside, sans aucun doute, dans l'adaptation des consommateurs (entreprises, collectivités, individus) d'abord, qui cherchent à réduire les dépenses énergétiques inutiles en adoptant des comportements plus économes, et des industriels, qui sont incités à produire des biens moins énergivores – à 100 dollars le baril, la faible consommation d'essence d'un véhicule devient un argument de vente majeur.

Des indices de référence sur les marchés de gros

Ce type de marché permet aux fournisseurs d'acquérir auprès des producteurs les quantités nécessaires pour servir leurs clients. Comme sur le marché pétrolier, plusieurs compartiments existent : les marchés de gré à gré (transactions directes entre deux énergéticiens) et les marchés boursiers.

En Europe, par exemple, la plupart des grands pays se sont dotés d'une Bourse de l'électricité où s'échangent des quantités physiques (achats aujourd'hui pour le lendemain). Des transactions à terme y sont également réalisées (achats aujourd'hui pour une échéance pouvant aller jusqu'à plusieurs mois). Même si le processus est plus lent, le marché du gaz naturel suit la même tendance de financiarisation.

Des prix volatils mais sans commune mesure avec le pétrole

Un des derniers exemples de volatilité extrême des cours a été constaté en août 2003, au moment de la canicule en Europe. Le MWh – unité de mesure des contrats – s'échangeait à 25 ou 30 euros en moyenne peu avant la période de forte chaleur. En quelques jours, il a atteint 1 000 euros sur Powernext (la Bourse française) et 2 000 euros sur APX (la Bourse néerlandaise) pendant quelques heures.

Cette instabilité extrême s'explique par l'impossibilité de stocker l'électricité, et donc d'amortir les tensions sur l'offre par un déstockage.

Au moment de la canicule de 2003, de nombreuses centrales étaient indisponibles en Europe. L'été est en effet une période propice pour les arrêter et réaliser des travaux de maintenance. De plus, plusieurs centrales – notamment en France – n'étaient pas autorisées à fonctionner car les eaux de refroidissement rejetées dépassaient les normes en vigueur (températures normées). Enfin, la demande a été inhabituellement élevée en raison de l'utilisation massive de climatisation.

Les indices de prix sur les marchés de gros servent ensuite de référence pour la fixation des prix de vente aux clients éligibles. Les prix de vente sont donc également volatils.

Les stratégies des entreprises d'énergie

Les marchés de l'énergie sont en cours de concentration. Les entreprises cherchent à acquérir la taille dite critique – c'est-à-dire celle qui leur permettra de réaliser des opérations qui seraient impossibles sans elle.

Objectif de la concentration

Il s'agit principalement de bénéficier d'économies d'échelle et de se financer plus facilement. C'est ainsi que des mégafusions ont eu lieu dans le domaine du pétrole. BP a fusionné avec Amoco en 1998, et avec Arco en 2000. Texaco et Chevron ont fait de même en 2001. Enfin, Total a absorbé Elf en 2002. En 2005, 290 fusions-acquisitions ont été réalisées dans l'industrie pétrolière pour un montant de 160 milliards de dollars. Outre la taille critique, l'objectif est également d'accroître les réserves. Les autres secteurs de l'énergie connaissent également de tels mouvements. Par exemple, la compagnie de charbon australienne BHP a acheté son concurrent Billiton en 2001. Dans l'électricité, des opérations similaires ont lieu, en particulier en Allemagne. Sur le marché européen de l'électricité et du gaz naturel, les grandes manœuvres sont de retour. Enel (le premier électricien italien) a racheté Endesa (premier électricien espagnol), Iberdrola (2e électricien espagnol) a acquis ScottishPower et la fusion Suez/Gaz de France a été effectuée en juin 2008.

Exxon Mobil : une des plus grosses fusions de l'histoire de l'industrie. Cette opération (réalisée en 1999) a pesé 80 milliards de dollars et a eu pour effet de reformer en partie la Standard Oil qui avait été éclatée en 1911 à la suite des lois antitrust.

Un positionnement multi-énergies

Les entreprises énergétiques ont tendance à se développer dans plusieurs énergies. Les compagnies pétrolières sont ainsi historiquement implantées dans l'amont gazier et pétrolier. La proximité des gisements de ces deux énergies et les techniques d'extraction

justifient en partie un tel positionnement. Ces pétro-gaziers s'implantent également dans l'aval gazier (la vente aux clients finaux) à la faveur de l'ouverture à la concurrence des marchés. Jusqu'à présent, ces compagnies vendaient leur gaz à des entreprises en situation de monopole qui étaient chargées d'acheminer et de vendre cette ressource à leurs clients.
Enfin, certains pétro-gaziers produisent de l'électricité. Ils construisent alors le plus souvent des cycles combinés au gaz dans des zones à fort potentiel. Cette stratégie opportuniste leur permet de valoriser leur gaz naturel. Toutefois, le marché de l'électricité n'intéresse pas spécialement les compagnies pétrolières car il est moins rentable que l'amont pétrolier et gazier.

Une stratégie de convergence entre le gaz et l'électricité

Ces deux énergies sont très souvent consommées par les clients respectifs – en particulier les clients résidentiels – des compagnies d'électricité et de l'aval gazier (comme Gaz de France). Avec le décloisonnement des marchés – consécutif à la fin des monopoles –, les compagnies d'électricité peuvent désormais vendre du gaz, et les compagnies gazières, de l'électricité, et donc proposer des offres conjointes. L'avantage pour le consommateur est d'avoir un seul interlocuteur pour la fourniture des deux énergies.
Ce type d'offre s'est rapidement imposé comme la norme pour les clients domestiques au Royaume-Uni et dans certains États américains. La progression est également très rapide en Espagne. Pour mener à bien cette stratégie, les compagnies d'électricité achètent des compagnies gazières (en Allemagne, E.ON a acquis Ruhrgas) et les compagnies gazières construisent des centrales électriques (Gaz de France a une puissance installée de 2 500 MW en France en 2007).

Une intégration en amont

Traditionnellement, les compagnies de l'aval gazier se fournissaient en gaz naturel auprès des pétro-gaziers. Mais ces derniers sont de plus en plus intéressés par la vente directe aux consommateurs. Les distributeurs de gaz naturel se sont donc lancés dans l'amont gazier. L'objectif n'est pas de concurrencer les compagnies pétrolières, mais de contrôler une partie de leurs approvisionnements afin de récupérer la marge du producteur. De cette manière, les compagnies de l'aval gazier augmentent leur compétitivité prix et subissent moins les variations des cours de la ressource. Centrica en Grande-Bretagne et Gaz de France sont les principales entreprises à poursuivre une telle stratégie. Elles ambitionnent à moyen terme de produire elles-mêmes entre 15 et 25 % de leurs besoins en gaz naturel. Pour y parvenir, elles ont acheté des participations dans des gisements gaziers, principalement en mer du Nord.

L'internationalisation

Pour les compagnies pétrolières, gazières (amont) et charbonnières, l'internationalisation est une nécessité puisque leur implantation dépend de la localisation des gisements. C'est pourquoi toutes les grandes sociétés sont présentes sur tous les continents. Pour les compagnies d'électricité et de l'aval gazier, en revanche, l'internationalisation est récente. Elle date de l'ouverture à la concurrence des marchés. Dans un premier temps, ce sont les entreprises américaines (Dynegy, El Paso, Enron, etc.) qui se sont

L'affaire Enron

Née en 1985 à la suite de la fusion de deux transporteurs de gaz naturel américain, la société va connaître une ascension exceptionnelle avant de chuter encore plus vite. Le trading devient sa spécialité avec la libéralisation des marchés de l'énergie. Grâce au développement d'Internet, cette activité explose. Le groupe crée Enrononline, une des premières places de marché virtuelle, sur laquelle il propose des opérations sur toutes les commodités : énergie, mais aussi pâte à papier, bande passante, métaux, etc. Le modèle de l'entreprise – fondé sur le négoce en limitant les actifs physiques – est porté aux nues. Fin 2000, le chiffre d'affaires d'Enron se monte à 100 milliards de dollars (7e groupe américain) et la capitalisation boursière atteint 70 milliards de dollars. Au troisième trimestre 2001, le groupe révèle des pertes colossales. C'est le début de la chute. Fin 2001, Enron se déclare en faillite et ne pèse plus que 193 millions de dollars à Wall Street. Le système Enron est mis à jour. Il reposait sur un soutien très actif des administrations en place pour influencer la libéralisation des marchés (avec notamment des liens très étroits avec la famille Bush). Pire encore, l'ascension du groupe résulte de malversations financières. Plusieurs centaines de sociétés ont été créées dans des paradis fiscaux pour cacher des opérations douteuses et enrichir les dirigeants d'Enron, qui sont également actionnaires de ces sociétés offshore. Au passage, la chute du courtier en énergie entraîne celle du cabinet d'audit Andersen qui certifiait les comptes de la société. Jugés en mai 2006, la plupart des dirigeants ont été reconnus coupables et condamnés à de lourdes peines de prison. Mais les grands perdants sont les salariés qui ont perdu leur emploi et leur retraite, en grande partie investie en actions du groupe.

Kenneth Lay, ancien président d'Enron (de 1986 à 2002). Sous le coup de onze chefs d'inculpation – dont celui d'escroquerie –, cet homme d'affaires proche du président Bush est menotté et conduit devant un tribunal fédéral (juillet 2004).

implantées en Europe, en particulier au Royaume-Uni, mais elles ont rapidement fait marche arrière à la suite de graves difficultés financières. Les compagnies européennes ont ensuite pris le relais et sont actuellement présentes dans la plupart des marchés européens.

Électricité de France produit, distribue et vend de l'électricité en France, mais aussi en Allemagne, en Italie et au Royaume-Uni. De son côté, E.ON (Allemagne) fait la même chose en Allemagne, aux Pays-Bas, au Royaume-Uni et en Suède. Un oligopole de quelques entreprises est en train de se constituer. Les principaux prétendants sont : Centrica (Royaume-Uni), EDF, Iberdrola (Espagne), Enel (Italie), E.ON, Gaz de France, RWE (Allemagne), Suez et Vattenfall (Suède). Certains opérateurs européens se développent également aux États-Unis (Suez et E.ON notamment) et dans les pays émergents (Asie et Amérique latine principalement). Cette expansion est généralement réalisée par des acquisitions de sociétés.

LEXIQUE

[Oligopole]
Marché où quelques vendeurs se retrouvent face à une multitude d'acheteurs.

La préservation de l'environnement est le principal défi que doit relever l'industrie énergétique. La consommation d'énergie – en croissance régulière – est une source de pollution considérable. L'enjeu est donc de concilier les nécessaires besoins en énergie avec le respect de l'environnement. Si la prise de conscience semble désormais être une réalité, les actions sont très longues à mettre en place. D'autant que la responsabilité est collective, car l'utilisation rationnelle de l'énergie concerne aussi bien les gouvernants, les producteurs que les consommateurs.

Ferme éolienne (États-Unis). De 1981 à 1985, l'État de Californie a massivement soutenu cette filière par le biais de taxes fédérales et locales. Toutefois, à l'arrêt de ces subventions, certaines installations ont été démantelées.

Énergie et environnement

L'impact de la consommation d'énergie sur l'environnement

La combustion d'énergie fossile est la première activité humaine responsable de l'émission de gaz à effet de serre. Selon l'Agence internationale de l'énergie, le secteur énergétique a rejeté 29 381 millions de tonnes de CO_2 en 2008.

Les émissions gazeuses

Les rejets de l'industrie de l'énergie représentent les trois-quarts des émissions humaines de dioxyde de carbone. La concentration de ce gaz dans l'atmosphère augmente régulièrement. Actuellement, ce taux est de 0,0365 %, contre 0,028 % au milieu du XIXe siècle (+ 30 %). Le deuxième gaz à effet de serre est le méthane (CH_4), dont la concentration a doublé sur la même période. Ses émissions sont générées par l'agriculture (élevage et rizière), les activités énergétiques (fuite de gaz et industrie charbonnière) et les déchets ménagers.

Les causes du réchauffement identifiées

Une polémique a longtemps opposé la communauté scientifique sur la réalité du réchauffement climatique et la responsabilité des activités humaines. Le Groupe intergouvernemental d'experts sur l'évolution du climat (GIEC) affirme aujourd'hui que cet effet constaté depuis une cinquantaine d'années est bien attribuable aux activités humaines.

Qu'est-ce que l'effet de serre ?

« La température moyenne de notre planète résulte de l'équilibre entre le flux de rayonnement qui lui parvient du Soleil et le flux de rayonnement infrarouge renvoyé dans l'espace.
La répartition de la température au niveau du sol dépend de la quantité de gaz à effet de serre (GES) présents dans l'atmosphère. Sans eux, la température moyenne serait de -18 °C et la Terre serait inhabitable. Leur présence amène cette température à 15 °C. Les gaz responsables de l'effet de serre d'origine anthropique sont le gaz carbonique (CO_2), le méthane (CH_4), l'oxyde nitreux (N20), l'ozone troposphérique (O3), les CFC et les HCFC – gaz de synthèse responsables de l'attaque de la couche d'ozone –, ainsi que les substituts des CFC : HFC, PFC et SF6. Les gaz à effet de serre sont naturellement très abondants. Mais du fait de l'activité humaine, leur concentration dans l'atmosphère s'est sensiblement modifiée : ainsi la concentration en CO_2 – principal GES – a augmenté de 30 % depuis l'ère préindustrielle. Les effets combinés de tous les GES équivalent aujourd'hui à une augmentation de 50 % de CO_2 depuis cette période. »

Source : Mission interministérielle de l'effet de serre (France).

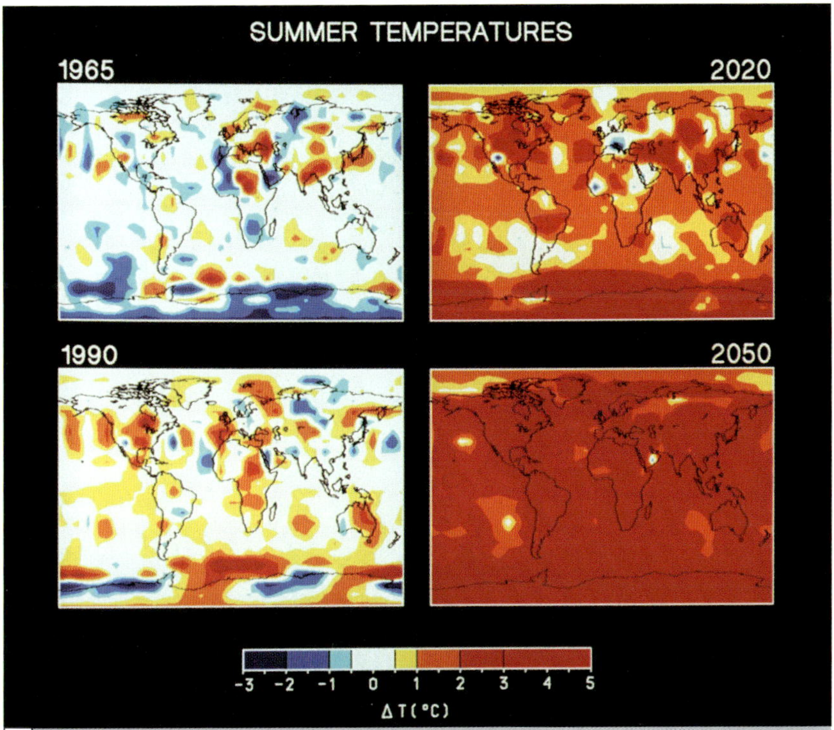

Le réchauffement planétaire à l'horizon 2050. Les prévisions effectuées par l'Institut Goddart d'études spatiales de la NASA et fondées sur les taux d'émission des gaz à effet de serre démontrent que les températures ne cesseront d'augmenter et que le climat de notre planète sera entièrement bouleversé.

Cette structure – créée en 1988 par l'Organisation météorologique mondiale et le Programme des Nations unies pour l'environnement – a constaté que la température moyenne avait augmenté de 0,6 °C au cours du siècle précédent (avec une marge d'erreur de + ou - 0,2 °C).
Le réchauffement n'est toutefois pas uniforme puisqu'il a été constaté en deux phases : de 1910 à 1945 et depuis 1976. Le phénomène tend d'ailleurs à s'accélérer car la décennie 1990 semble être la plus chaude depuis 1861 – l'année 1998 en tête.
Les principales conséquences visibles sont la réduction de la couverture neigeuse (-10 % depuis 40 ans), la fonte des glaciers et de la banquise et son corollaire, la hausse du niveau moyen des océans comprise entre 10 et 20 cm en un siècle.

Les estimations du GIEC pour l'avenir

Le réchauffement devrait se poursuivre avec une augmentation de la température moyenne de 1,4 °C à 5,8 °C entre 1990 et 2100. Certaines régions seraient plus exposées que d'autres. Les zones septentrionales de l'Amérique et de l'Asie pourraient ainsi enregistrer une hausse supérieure de 40 % au réchauffement moyen. Si de tels événements se produisaient, les conséquences seraient multiples : dérèglement des moussons en Asie, intensification des effets de El Niño, poursuite de la fonte des neiges et de la banquise. Au final, les mers pourraient monter de 9 à 88 cm.

Les conditions de vie des hommes seraient alors très fortement atteintes. La désertification s'étendrait, rendant l'agriculture encore plus difficile dans des régions comme l'Afrique, le Moyen-Orient et certaines régions semi-arides d'Asie. Des sécheresses répétées sévìraient en Afrique. Enfin, le niveau des mers montant, des pays comme le Bangladesh et les Pays-Bas seraient menacés.

Puits dans le désert (Niger). À l'avenir, face à l'augmentation des températures et des précipitations, certaines régions comme l'Afrique – déjà fortement marquée par la désertification – deviendront encore plus chaudes et plus sèches. Ce phénomène aura des conséquences dramatiques à l'échelle de toute la planète.

Les marées noires

Amoco Cadiz, Exxon Valdez, Erika, autant de noms tristement célèbres pour avoir souillé la mer et le littoral des côtes.

L'histoire de l'industrie pétrolière est jalonnée de marées noires.

Les catastrophes les plus graves

En mars 1967, le Torrey-Canyon, pétrolier battant pavillon libérien, se fracasse sur les côtes du sud-ouest du Royaume-Uni. 120 000 tonnes de brut s'échappent du navire et polluent les côtes anglaises et françaises. En mars 1978, l'Amoco Cadiz coule en Bretagne et déverse 230 000 tonnes de pétrole sur plus de 360 km du littoral français.

En mars 1989, sur les côtes de l'Alaska, l'Exxon Valdez disperse près de 40 000 tonnes de pétrole. En février 1996, le Sea Empress s'échoue sur les côtes du pays de Galles et répand 72 500 tonnes de brut. Enfin, en décembre 1999, l'Erika sombre au large des côtes bretonnes : 20 000 tonnes de pétrole sont rejetées. Malheureusement, cet inventaire des catastrophes est loin d'être exhaustif.

Des responsabilités difficiles à établir en matière de transport pétrolier

Les conséquences de ces accidents sont désastreuses pour la faune, la flore et les activités humaines (pêche, ostréiculture, tourisme, etc.). La détermination des responsabilités est complexe, chacune des parties se renvoyant la balle. Les affréteurs – les compagnies pétrolières – ne s'estiment pas responsables et rejettent la faute sur l'armateur, qui exerce le plus souvent son activité *via* des pavillons de complaisance. De nombreux pays – tels que le Liberia, Malte et le Panamá – se sont spécialisés dans la complaisance et offrent un environnement juridique et fiscal privilégié – c'est-à-dire réduit au strict minimum – aux armateurs, qui peuvent ainsi prospérer.

Les sociétés de classification sont également impliquées car elles octroient un certificat de navigabilité après une inspection de l'état des bateaux. Dans le cas de l'Erika, c'est la société italienne Rina qui a contrôlé le navire quelques semaines avant son naufrage. Le certificat a été délivré bien que les autorités portuaires néerlandaises et norvégiennes aient constaté des problèmes liés à la corrosion. La Rina a ensuite tenté de rejeter la responsabilité sur le capitaine de l'Erika. Le 16 janvier 2007, Total a été condamné par la justice française à l'amende maximale de 375 000 euros, comme La Rina. L'armateur et le gestionnaire ont été condamnés chacun à 75 000 euros d'amende, le capitaine a, lui, été relaxé. Mais surtout, les quatre coupables devront payer solidairement 192 millions d'euros de dommages et intérêts aux parties civiles, dont l'État, qui devrait recueillir 153 millions d'euros et la région Bretagne 5,5 millions d'euros.

De nouvelles mesures adoptées

En matière de nettoyage et d'indemnisation, c'est le plus souvent l'État du pays victime de la pollution qui assume l'essentiel des charges, le principe du pollueur payeur n'étant, à l'évidence, qu'un vœu pieu. Toutefois, quelques progrès sont réalisés, notamment pour accélérer la disparition des navires à coque simple, comme l'Erika. Les bateaux à coque double doivent devenir la norme. De plus, les contrôles par les autorités portuaires sont renforcés, mais celles-ci manquent souvent de moyens, en particulier humains. Pourtant, aussi terribles que soient les marées noires, la plus grande catastrophe pétrolière fut volontaire quand, en janvier 1991, les Irakiens sabotèrent des installations au Koweït. Environ 800 000 tonnes de pétrole furent alors rejetées à la mer. Cependant, les marées noires ne sont qu'une petite partie des rejets d'hydrocarbures en mer – de 2 à 6 % du total selon les estimations –, qui représentent entre 2 et 6 millions de tonnes. La très grande majorité des rejets correspond aux dégazages, en d'autres termes au lavage des cuves des cargos et au rejet des résidus de filtration du fioul lourd. Une infime proportion de ces actes est sanctionnée, car extrêmement difficile à prouver.

Naufrage de l'Erika le long des côtes françaises (1999). Outre les dégâts écologiques, la marée noire a également eu de graves conséquences économiques (activité maritime bloquée, tourisme en baisse l'année suivante).

Le protocole de Kyoto

Après les sommets de Rio et de Berlin, c'est en 1997, à Kyoto, que les pays industrialisés se sont engagés pour la première fois à réduire leurs émissions de gaz à effet de serre.

La prise de conscience de la communauté internationale

À l'horizon 2008-2012, la réduction globale des GES devra être de 8 % pour l'Europe, de 7 % pour les États-Unis, de 6 % pour le Japon, le Canada, la Pologne et la Hongrie. Ces proportions sont calculées sur la base des émissions de 1990. Certains pays ont seulement des obligations de stabilisation comme la Russie et l'Ukraine. D'autres, enfin, se sont engagés à modérer le rythme de croissance de leurs émissions comme la Norvège (+ 1 %), l'Australie (+ 8 %) et l'Islande (+ 10 %). Les pays du Sud – en particulier la Chine et l'Inde – n'ont pas d'objectif de réduction des GES.

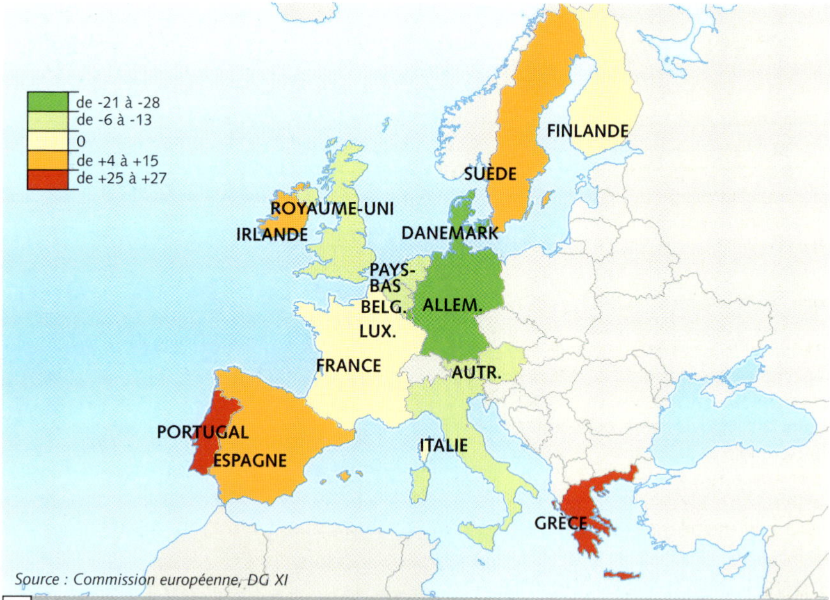

Les engagements de réductions des gaz à effet de serre des pays européens à l'horizon 2010 (en %). Le niveau des engagements européens place l'Union européenne en position de locomotive mondiale pour la préservation de l'environnement.

Sommet Observation de la Terre (Tokyo, 2004). Lors de cette conférence internationale, les représentants de 44 nations sont convenus de créer d'ici 2014 un système mondial de contrôle de l'environnement notamment pour prévenir les catastrophes naturelles.

L'engagement européen est de - 8 %, mais les objectifs nationaux sont très hétérogènes. Les niveaux d'émissions ont été fixés en fonction des rejets constatés et des impératifs économiques. La position française s'explique par la faiblesse des rejets du secteur électrique consécutif au recours massif au nucléaire. Une autorisation d'augmentation des émissions a été accordée aux pays dont le niveau économique est inférieur aux autres et/ou à ceux qui polluent moins (comme la Suède).

Une entrée en vigueur grâce à la Russie

Il était prévu que le protocole de Kyoto serait appliqué lorsqu'au moins 55 pays, représentant au moins 55 % des émissions de 1990, auraient ratifié le traité. L'Union européenne s'était exécutée en mai 2002, suivie quelques jours plus tard par le Japon. En avril 2004, 120 pays représentant 44,2 % des émissions avaient ratifié le traité. La mise en œuvre de celui-ci est effective depuis début 2005, le quorum ayant été atteint grâce à la Russie, qui a finalement décidé, après de nombreuses hésitations, de le voter en octobre 2004. Mais les États-Unis – pourtant responsables du quart des émissions mondiales –, et surtout l'administration Bush, y sont vivement opposés.

La position des États-Unis

L'administration Clinton a participé aux négociations et signé le protocole de Kyoto. En mars 2001, le nouveau président George W. Bush annonçait son refus de ratifier le traité, en justifiant ce rejet de trois manières. En premier lieu, son administration

considère le protocole injuste et inefficace car il exempte 80 % de la planète (les pays du Sud). Ensuite, elle estime que le gaz carbonique n'est pas un polluant selon la loi sur la salubrité de l'air. Enfin, elle craint que les contraintes de réductions ne menacent le dynamisme économique des États-Unis. Par ailleurs, ce gouvernement rejette les conclusions des scientifiques sur les causes et les effets du réchauffement climatique.
En février 2002, le président américain a présenté un plan alternatif pour lutter contre le réchauffement climatique. Il prévoit une réduction de 18 % des émissions de CO_2 et de méthane rapporté au PIB d'ici à 2012. Cet objectif est moins ambitieux que celui du protocole de Kyoto. En effet, pour être équivalent, il faudrait que la baisse des émissions indexées sur le PIB soit de 35 %. Pour parvenir à ce résultat, le plan prévoit un fonds de 4,5 milliards de dollars et des crédits d'impôts de 4,6 milliards de dollars pour développer les énergies renouvelables.

Les moyens préconisés par le traité

Trois procédés ont été répertoriés pour atteindre les objectifs de réduction.

La création d'un marché de permis d'émissions négociables

Plusieurs marchés sont prévus. Le marché européen a débuté en 2005 avant d'intégrer le marché mondial en 2008. Chaque pays a un quota d'émissions qu'il répartit entre les différentes industries et entreprises concernées. Les entreprises qui n'ont pas atteint leurs quotas d'émissions annuelles peuvent ensuite vendre un permis d'émissions à celles qui les ont dépassés. Le marché est donc censé contribuer à la réduction des GES. L'idée directrice de ce mécanisme est que les entreprises pour lesquelles la réduction des émissions est peu coûteuse tirent profit de la revente de leurs surplus à celles dont les investissements pour réduire les GES seraient trop élevés. La financiarisation de la protection de l'environnement a commencé.

Le mécanisme de la mise en œuvre conjointe

Surtout destiné aux pays d'Europe de l'Est, il permet à un investisseur de financer un projet visant à réduire les émissions de GES ou à créer des puits de carbone (projet forestier). Les émissions évitées ou absorbées sont alors attribuées à l'investisseur. Par exemple, si une entreprise française finance la modernisation d'une installation thermique en Hongrie en permettant de réduire ainsi les émissions de 60 000 tonnes, le quota d'émissions de l'entreprise française augmentera d'autant et celui de l'entreprise hongroise diminuera dans la même proportion. Ce processus est fondé sur le principe de l'optimisation des systèmes les moins performants. Il est en effet souvent beaucoup moins coûteux d'améliorer les installations polluantes des pays de l'Est que les installations d'Europe de l'Ouest, ces dernières étant plus respectueuses de l'environnement. Au final, pour la même réduction de GES, l'investissement est moins élevé.

Le processus de développement propre

Il s'adresse aux pays en voie de développement et repose sur le même principe que le mécanisme précédent, à la différence qu'il s'agit d'investissements destinés au développement. L'objectif n'est pas de réduire les émissions par la modernisation des infrastructures mais de créer des installations plus propres que celles déjà en activité.

La maîtrise de la demande d'énergie

L'énergie la moins polluante est celle que l'on ne consomme pas. L'application de ce principe simple est un premier moyen de respecter l'environnement.

Les gisements d'économies

Trois types d'action doivent être menées pour réaliser des économies d'énergie : accroître les rendements, limiter les situations de consommation et faire la chasse au gaspillage.

Accroître les rendements des installations

C'est une tendance lourde de l'économie mondiale. En 1971, il fallait environ 0,29 tep pour générer 1 000 dollars de PIB mondial. En 2000, il ne fallait plus que 0,22 tep pour créer la même valeur (calculée en dollar de 1995). En l'espace d'une trentaine d'années, le ratio mondial tep/1 000 USD de PIB s'est donc amélioré de 25 % environ. Toutefois, les situations sont hétérogènes. Les progrès les plus remarquables ont été constatés dans les pays de l'OCDE, où le ratio est passé de 0,32 à 0,22 sur la période. Dans les pays dits en voie de développement, une légère augmentation a été enregistrée, le taux passant de 0,17 à 0,18. Mais la plus mauvaise performance est à mettre au crédit de l'ex-URSS et de ses pays satellites où le taux a progressé de 0,48 à 0,55 de 1971 à 2000. Cette zone se distingue par un ratio disproportionné par rapport aux autres régions. Une énergie bon marché sans liens avec les coûts réels, des pertes colossales liées au mauvais entretien et des rendements énergétiques faibles sont à l'origine de ce décalage. L'augmentation est également tristement remarquable. Elle résulte de la crise du début des années 1990, qui a accru les gaspillages. L'amélioration des rendements est continue grâce aux progrès technologiques. Nous avons déjà vu que la production des centrales électriques était passée d'environ 2% au début

L'exemple britannique

En 2002, le Royaume-Uni a imposé aux fournisseurs de gaz naturel et d'électricité un programme de réduction des consommations d'énergie de leur clientèle d'une durée de 3 ans, de 2002 à 2005. L'objectif est de réduire la consommation des ménages de 1 %, soit 62 TWh. Cet investissement, estimé à moins de 700 millions d'euros, pourrait éviter l'émission de 1,5 million de tonnes de CO_2 à partir de 2005. Plusieurs types d'actions sont menées, dont l'amélioration de l'isolation de 840 000 bâtiments. Ce chantier devrait permettre de générer environ 28 TWh d'économie. Autre exemple : la diffusion de plus de 18 millions de lampes basse consommation (économie de 5 TWh espérée). Après 18 mois d'application, les résultats sont encourageants, les économies d'énergie s'élevant à 31 TWh : elles ont respectivement été réalisées grâce à l'isolation (62 %), à l'éclairage (19,5 %), aux appareils performants (12,5 %) et au chauffage (6 %).

Embouteillage en ville. Malgré les efforts de l'industrie automobile et le développement des transports en commun, le trafic routier reste le principal responsable de la pollution atmosphérique dans les zones urbaines, où elle peut atteindre des seuils critiques et avoir des effets sur la santé publique.

LEXIQUE

[Cogénération]
Production combinée de chaleur et d'électricité.

du xxe siècle à 55 % pour les meilleures aujourd'hui (grâce à la cogénération). On peut également citer le cas de l'industrie automobile. Désormais, certains modèles peuvent consommer 4 à 5 litres de carburants aux 100 km, contre 10 à 12 litres pour la même distance 20 ans auparavant. Le remplacement des technologies les plus énergivores permettrait donc de réduire significativement les besoins – comme dans le domaine de l'éclairage, où les ampoules fluo-compactes, actuellement disponibles, consomment 5 fois moins d'électricité qu'une ampoule classique. Mais le changement des équipements – et par là même la diffusion de meilleures technologies – est lent car il nécessite un investissement.

Limiter les situations de consommation d'énergie

Dans ce domaine, un des meilleurs exemples est fourni par le bâtiment. Une bonne isolation et une bonne orientation permettent d'éviter de consommer de l'énergie pour les besoins de chaleur et de froid. De même, le choix des matériaux de construction est déterminant.

Lutter contre le gaspillage

L'industrie énergétique génère des pertes difficilement évitables. Ainsi, sur le réseau électrique français, les pertes de courant sont évaluées à 6 %. Elles résultent des lois de la physique. Mais il existe des gisements très importants liés aux gestes de tous les jours : fermer la lumière en sortant d'une pièce, éteindre les appareils plutôt que les laisser en veille, marcher plutôt que prendre sa voiture pour faire quelques centaines de mètres, etc. L'économie générée par chacune de ces petites actions paraît insignifiante, mais si on les met bout à bout et si on les multiplie par des centaines de millions d'individus, l'économie finale est colossale. On a pu évaluer que la veille des appareils électriques en France représentait 10 % de la facture d'électricité des ménages. Plus globalement, l'AIE estime qu'en moyenne les équipements en veille absorbent 1,5 % de la consommation totale d'électricité (y compris l'industrie et les autres secteurs) de la zone OCDE, ce qui correspond à 0,6 % des émissions totales de GES.

L'Ademe

L'Agence de l'environnement et de la maîtrise de l'énergie a été créée en France en 1990. Cet établissement public national à caractère industriel et commercial est placé sous la tutelle des ministres de la Recherche, de l'Écologie et de l'Énergie. Ses domaines d'intervention sont nombreux : préservation des sols, efficacité énergétique, énergies renouvelables, gestion des déchets, lutte contre le bruit... Ses missions sont également multiples : information, conseil, promotion des bonnes pratiques, soutien à l'investissement... Les interventions sont réalisées à l'échelle régionale.
L'agence emploie 930 personnes et compte 26 délégations régionales. Le budget 2010 est de 514 millions d'euros, dont 260 millions pour les interventions. En 2009, 207 millions d'euros ont été consacrés au financement d'opérations liées à l'énergie. On peut également citer, parmi les interventions, les projets de recherche sur les véhicules propres et économes, ou encore l'aide financière à l'équipement en installation d'énergies nouvelles et renouvelables (ENR).

Les incitations pour une utilisation plus rationnelle de l'énergie

La réglementation joue un rôle important en fixant des normes énergétiques, en particulier pour les installations neuves. Les aides financières et les subventions sont également utiles. Octroyées par les autorités publiques et/ou des agences de promotion de la maîtrise de l'énergie – comme l'Ademe –, elles incitent les consommateurs à choisir les équipements les moins énergivores. La fiscalité est un autre instrument.
Enfin, l'information aux consommateurs constitue le dernier des principaux outils. Depuis quelques années, une nouvelle idée, dénommée le « certificat blanc », fait son chemin pour favoriser les économies d'énergie. Son principe relève de la financiarisation de celles-ci. Il consisterait à imposer des quotas d'économies d'énergie aux fournisseurs d'énergie. Charge à eux, ensuite, de mener les politiques adéquates pour parvenir aux objectifs.
La réduction des consommations serait justifiée par des certificats blancs qui seraient ensuite échangeables entre les fournisseurs ayant dépassé leurs quotas et ceux qui, au contraire, ne les auraient pas atteints. Pour le moment, la Commission européenne étudie la faisabilité de la mise en place d'un tel système.

L'architecture bioclimatique

Les premières maisons individuelles construites selon les techniques de l'architecture bioclimatique remontent aux années 1970. Il s'agit de profiter de l'environnement et des conditions climatiques pour améliorer le confort et économiser de l'énergie. Une bonne orientation et une exposition adéquate des vitrages permettent de capter la chaleur et de se préserver du froid. Le bois, la terre et le béton sont privilégiés pour leur propriété isolante et leur inertie thermique. De telles constructions ne présentent pas de réels surcoûts, à condition d'intégrer ces règles dès la conception de la maison.

Les énergies nouvelles et renouvelables

En matière de protection de l'environnement, les ENR ont un avantage majeur, même si leur efficacité économique à court terme n'est pas toujours avérée. Ainsi, en 2001, les éoliennes installées au Danemark – le champion du développement de cette énergie – ont permis d'éviter 3,5 millions de tonnes de CO_2, 6 450 tonnes de SO_2, 6 000 tonnes d'oxyde azotique et 223 000 tonnes de cendres volantes.

Un bilan environnemental très favorable...

L'éolien est l'énergie la moins polluante avec 9 g de CO_2 par kWh. La biomasse est également très bien placée car elle ne contribue pas au réchauffement climatique dans la mesure où le bois, pendant sa croissance, fixe une quantité au moins

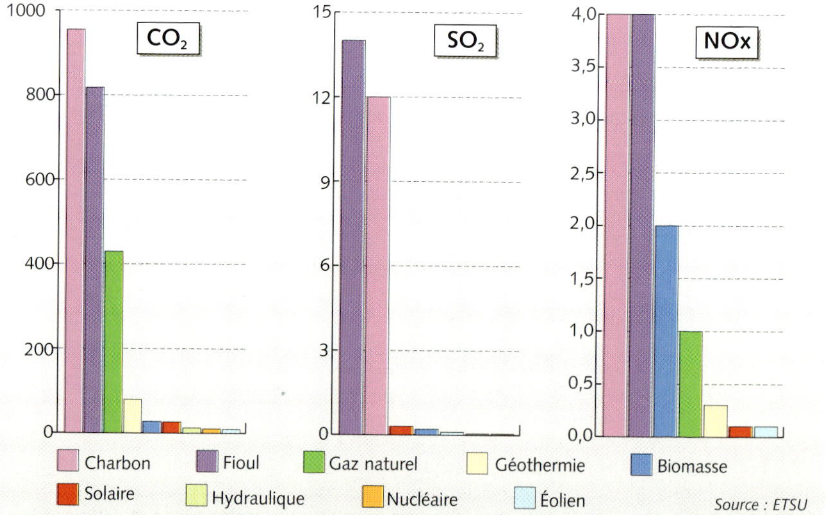

Les émissions gazeuses selon les sources de production d'électricité (en g/kwh). Dans ce domaine, seul le nucléaire peut rivaliser avec les ENR. Mais la gestion des déchets radioactifs reste encore très problématique.

Manifestation de Greenpeace contre un transport de déchets nucléaires. Les convois chargés d'acheminer les combustibles radioactifs sont souvent ralentis sur leur trajet par des militants antinucléaires.

équivalente de CO_2. Seul le nucléaire est en mesure de rivaliser avec les énergies renouvelables avec seulement 10 g de CO_2 émis par kWh. Mais la production d'électricité nucléaire génère des déchets radioactifs extrêmement complexes à gérer (en particulier ceux à vie longue, hautement radioactifs).

... et une compétitivité qui s'améliore nettement

Jusqu'à une période récente, les ENR n'étaient absolument pas rentables. À l'exception de l'hydroélectricité, déjà largement exploitée, les énergies renouvelables souffraient de la comparaison économique avec les autres sources d'énergie. Les écarts se sont considérablement réduits ces dernières années.

Des coûts d'investissement compétitifs pour l'éolien mais toujours prohibitifs pour le photovoltaïque

Le coût d'investissement pour l'éolien est désormais d'environ 1 000 euros/KW (on parle ici de puissance), soit un niveau bien inférieur au nucléaire (environ 1 700 euros/KW) et aux centrales à charbon (1 400 euros/KW). Seul le coût d'investissement d'un cycle combiné au gaz naturel est inférieur à celui de l'éolien (500 euros/KW). En revanche, le coût d'investissement du photovoltaïque (production d'électricité par l'utilisation de l'énergie solaire) est compris entre 4 000 et 6 500 euros par KW. Toutefois, il faut rappeler que le photovoltaïque ne répond pas aux mêmes usages que les autres modes de production.

Des coûts d'exploitation encore élevés

Actuellement, le coût moyen complet du kWh nucléaire est de l'ordre de 3 à 4 centimes d'euro pour 6 à 8 centimes d'euro dans le cas du kWh d'origine éolienne, le plus compétitif. Dans certains cas, toutefois, l'éolien peut rivaliser avec la production d'électricité à partir du gaz naturel et du charbon si les cours des ressources sont élevés. Les coûts de production de l'électricité à partir des autres ENR sont encore plus élevés (15 centimes pour la géothermie et jusqu'à 60 centimes pour le photovoltaïque). Néanmoins, les progrès sont très rapides

LEXIQUE

[Géothermie]
Technique qui consiste à capter la chaleur de la croûte terrestre pour produire du chauffage ou de l'électricité.

Barrage de Glen Canyon (Arizona). Achevé en 1964, le quatrième plus grand barrage des États-Unis contient plus de 35 milliards de mètres cubes d'eau et sa centrale électrique a une puissance de 1 350 000 KW.

et l'éolien est désormais très proche des énergies classiques. En un peu plus de vingt ans, le coût du kWh éolien a diminué de près de 80 % (de 38 centimes d'euro en 1980 à environ 7 centimes actuellement).

Un risque de bulle spéculative ?

En dépit de ces freins, le secteur des ENR s'est industrialisé et des spécialistes ont émergé, notamment dans l'éolien. Le leader mondial Vestas (Danemark) a vu passer son chiffre d'affaires à 6 milliards d'euros en 2010. Mais le développement rapide des ENR et leurs perspectives de développement très favorables attirent désormais de plus en plus les convoitises des grands industriels. Les compagnies pétrolières et d'électricité ainsi que les grands industriels des équipements électriques investissent tous dans ces technologies et n'hésitent pas à racheter des spécialistes, à des prix parfois extrêmement élevés. Areva (France) et Suzlon (Inde) se sont ainsi livrés une bataille boursière pour prendre le contrôle du fabricant allemand d'éoliennes Repower. C'est finalement Suzlon qui a gagné en offrant 1,2 milliard d'euros, ce qui valorise l'entreprise à 100 fois son résultat opérationnel, un niveau très (trop ?) élevé. En novembre 2007, Suez, de son côté, a pris une participation de 50,1 % dans La compagnie du Vent pour 321 millions d'euros alors que cette entreprise française ne réalise que 11 millions d'euros de chiffre d'affaires. Les introductions en bourse se sont également multipliées et les cours de bourse envolés. Le risque est désormais qu'une bulle spéculative se développe et qu'une fois crevée, les financements manquent pour le développement des énergies renouvelables.

LEXIQUE

[kWh (kilowattheure)]
Unité d'énergie équivalant à la production exécutée pendant une heure par une machine dont la puissance est de 1 kilowatt.

Des énergies complémentaires

On a souvent tendance à les opposer aux énergies classiques et à penser en termes de substitution plutôt qu'en termes de complémentarité. Les bilans énergétiques doivent être équilibrés, c'est-à-dire faire appel à toutes les énergies de manière à bénéficier des avantages de chacune d'elles tout en évitant une dépendance à l'égard d'une ou deux d'entre elles. C'est pourquoi, en dehors de toute rupture technologique, la contribution des ENR au bilan énergétique mondial restera limitée.

Le décollage du photovoltaïque

Depuis le début des années 2000, les capacités de production photovoltaïque se développent à un rythme d'environ 40 % par an pour atteindre une puissance installée totale de 22 800 MW, dont près de 16 000 pour l'Union européenne. Mais seuls trois marchés nationaux ont véritablement décollé en concentrant 90 % de la puissance totale : l'Allemagne (38 %), le Japon (38 %) et les États-Unis (13 %). Ce sont les entreprises japonaises qui dominent la fabrication des éléments (notamment des cellules) avec une part de marché mondiale de 25 %.

Les panneaux solaires, une source d'énergie sûre, fiable, sans entretien et non polluante. Le toit de cette maison néerlandaise est composé d'une multitude de capteurs chargés de transformer la lumière du soleil en électricité.

L'Europe, leader du développement des ENR

Dans ce domaine, l'Europe fait en effet figure de bon élève en comparaison des économies développées d'Amérique du Nord et de l'Asie-Pacifique. Ainsi, les énergies renouvelables représentent un peu moins de 7 % de la consommation d'énergie brute des membres européens de l'OCDE, contre une moyenne de 6 % pour l'ensemble de l'OCDE. L'Allemagne est ainsi le pays le plus équipé en installations photovoltaïques, loin devant les États-Unis. L'Espagne est également un moteur alors que la France est nettement en retrait. Ce rôle de leader, l'Europe l'a confirmé en 2007, avec l'adoption par le Conseil européen de plusieurs objectifs dont celui d'imposer qu'en 2020, les énergies renouvelables contribuent à au moins 20 % de la consommation énergétique totale. Les biocarburants ont une place de choix puisqu'ils devront représenter 10 % de la consommation totale d'essence et de gazole.

La mise en place de mécanismes de soutien dans chaque État

Le plus important d'entre eux consiste à instaurer des tarifs de rachat incitatifs. Les investisseurs montant des projets de production d'électricité à partir d'ENR sont ainsi sûrs de revendre leur électricité à un tarif avantageux aux compagnies d'électricité. Ainsi en France, EDF est contrainte de racheter l'électricité des producteurs.

Horns Rev 1, un des premiers grands parcs éoliens

Située entre 14 et 20 km de la côte danoise, la ferme éolienne offshore de Horns Rev 1 se compose de 80 turbines de 2 MW. La profondeur en mer varie de 6 à 14 m. Le diamètre des pales est de 80 m et la ferme couvre une surface de 20 km². Les turbines ont été construites par Vestas et la ferme est exploitée par Elsam, un producteur d'électricité. Le parc produit environ 400 GWh par an, ce qui permet d'alimenter 150 000 foyers, soit environ 2 % de la consommation d'électricité au Danemark. Le coût du projet a atteint 270 millions d'euros.

Horns Rev 1. Cette ferme de 80 éoliennes de 70 m de hauteur bénéficie d'une technique de contrôle originale : elle est commandée à distance et en temps réel par le biais d'un réseau IP (Internet Protocole).

La plupart des pays européens ont mis en place de telles solutions.
Les dispositions allemandes et espagnoles sont les plus avantageuses – ce qui explique le développement très dynamique des ENR dans ces deux pays. En France, par contre, elles progressent très peu : à la fin de l'année 2009, 4 492 MW de puissance éolienne y était installée, contre plus de 25 777 MW en Allemagne, 19 149 MW en Espagne et 4 850 MW en Italie. Jusqu'à présent, la politique française de soutien aux ENR n'a pas apporté les résultats escomptés.

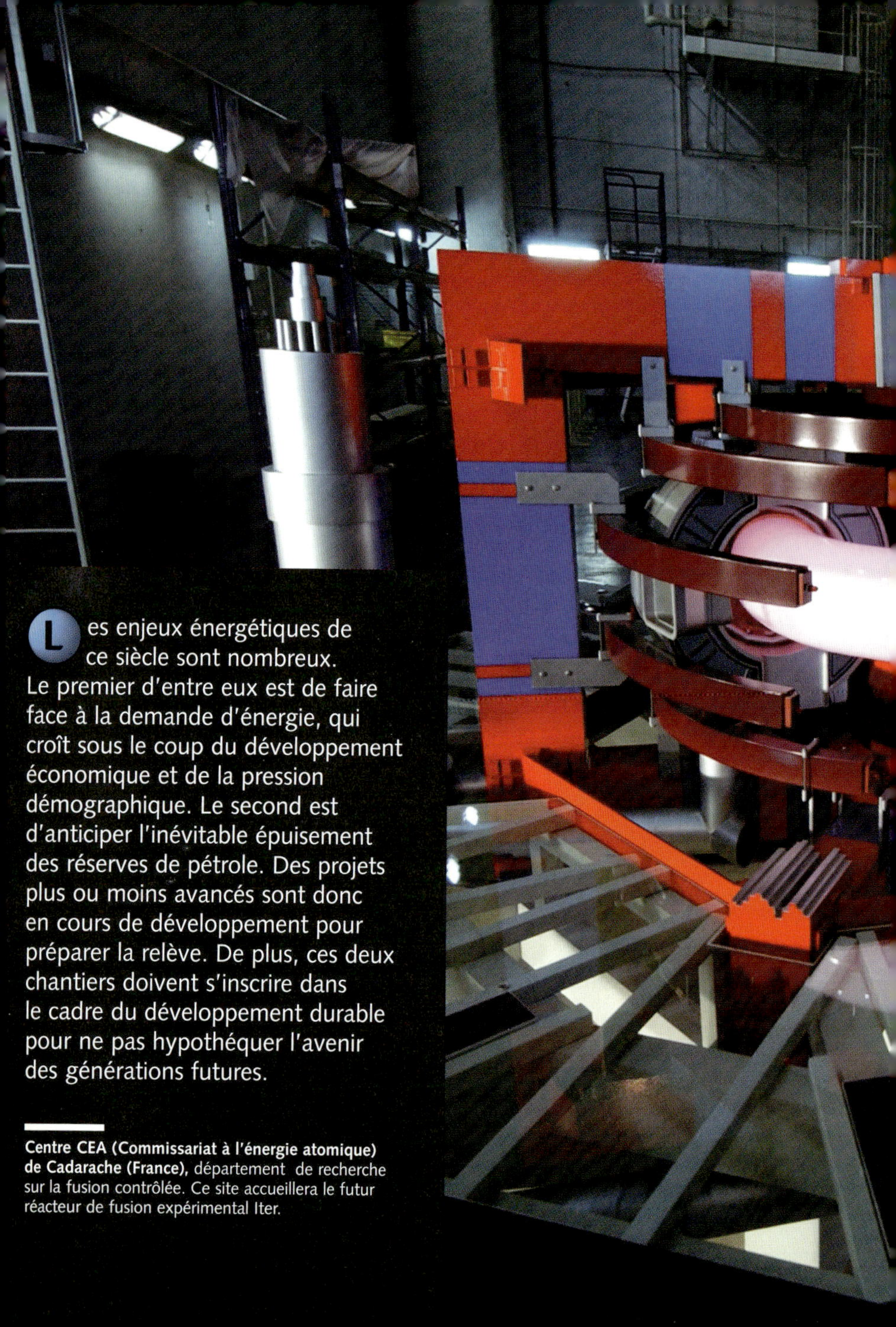

Les enjeux énergétiques de ce siècle sont nombreux. Le premier d'entre eux est de faire face à la demande d'énergie, qui croît sous le coup du développement économique et de la pression démographique. Le second est d'anticiper l'inévitable épuisement des réserves de pétrole. Des projets plus ou moins avancés sont donc en cours de développement pour préparer la relève. De plus, ces deux chantiers doivent s'inscrire dans le cadre du développement durable pour ne pas hypothéquer l'avenir des générations futures.

Centre CEA (Commissariat à l'énergie atomique) de Cadarache (France), département de recherche sur la fusion contrôlée. Ce site accueillera le futur réacteur de fusion expérimental Iter.

Perspectives énergétiques et technologies d'avenir

Les perspectives d'évolution de la demande d'énergie

Régulièrement, l'Agence internationale de l'énergie (AIE) réalise des projections sur la demande d'énergie. En 2004, elle a présenté un scénario de son évolution à l'horizon 2030 dans un ouvrage intitulé World Energy Outlook *2004* (Perspectives énergétiques mondiales, 2004).

Les hypothèses de l'AIE

Elles sont fondées sur trois paramètres principaux. Le premier concerne la croissance économique mondiale. L'AIE a retenu un taux moyen de 3,2 % pour la période 2002-2030 avec un pic autour de 2010. Le ralentissement qui surviendrait ensuite serait lié à la relative maturité économique des pays dits en voie de développement.

Le deuxième paramètre est la croissance de la population mondiale. L'AIE estime qu'elle atteindra 8,1 milliards d'individus en 2030, contre 6,2 milliards en 2002. Le taux de croissance se ralentirait pour passer de 1,4 % dans les années 1990 à 0,8 %

LEXIQUE

[Transition démographique]
Ajustement progressif de la fécondité sur la mortalité.

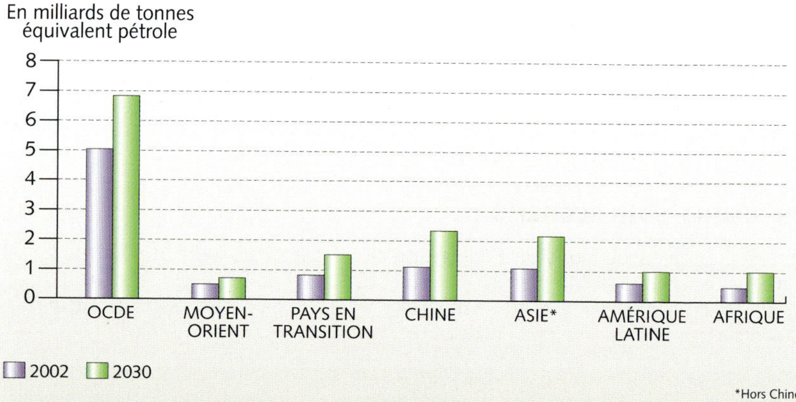

Source : AIE, *World Energy Outlook* 2004

La consommation d'énergie primaire par région. À l'horizon 2030, la Chine devrait plus que doubler sa consommation d'énergie et être responsable de 20 % de l'augmentation de la demande mondiale d'énergie.

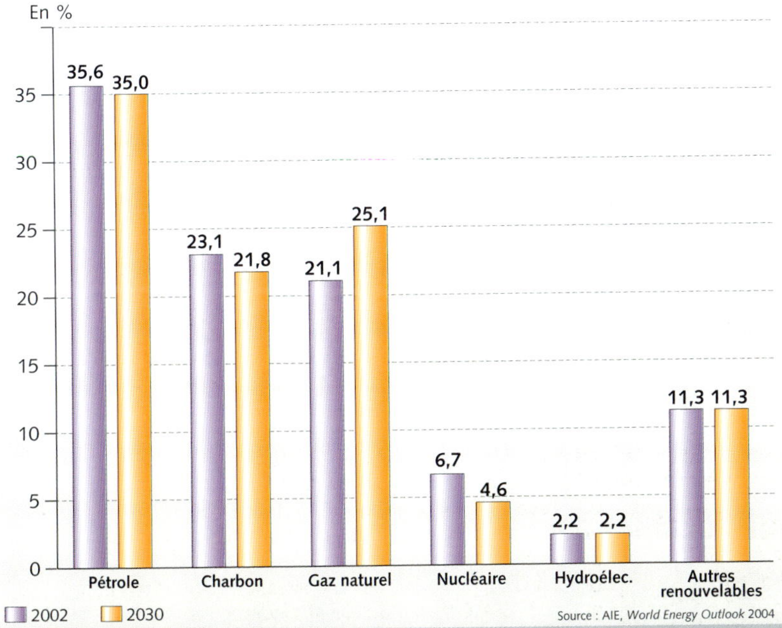

Évolution de la stucture de la consommation d'énergie primaire à l'horizon 2030 (en %).
En dépit de la montée en puissance du gaz naturel, le pétrole devrait rester la première énergie consommée.

à la fin de la période considérée par le phénomène de la transition démographique. Enfin, la dernière hypothèse repose sur les prix de l'énergie, ceux du pétrole en particulier. Une augmentation des prix moyens sur longue période a été retenue. Le baril atteindrait ainsi en 2030 le prix de 29 dollars (dollar de 2000).

Les résultats du scénario

Selon l'AIE, la demande mondiale d'énergie primaire pourrait atteindre 16 487 Mtep en 2030 – contre 10 345 Mtep en 2002 –, soit une hausse de 59 %. Un tel résultat représenterait une croissance annuelle moyenne de 1,7 %. La contribution de chacune des énergies au bilan énergétique serait alors légèrement modifiée.

La consommation de gaz naturel devrait doubler

En 2030, la contribution au bilan énergétique mondial du gaz naturel devrait bondir de près de 4 points. Ce gain se ferait au détriment de toutes les autres énergies, à l'exception des énergies renouvelables. Le gaz bénéficie d'un bilan environnemental satisfaisant en comparaison des autres énergies fossiles, d'une bonne répartition géographique des réserves et d'une souplesse d'utilisation qui en font, depuis de nombreuses années, l'énergie dont la hausse de la consommation est la plus marquée. Cette tendance structurelle ne devrait pas s'infléchir d'ici à 2030.

Les deux grands perdants : le nucléaire et le charbon

Les autres énergies seront sans doute moins sollicitées pour satisfaire les besoins énergétiques. La montée en puissance des énergies renouvelables et du gaz naturel dans la production d'électricité se ferait au détriment du nucléaire. De son côté, la croissance de la demande de charbon serait moins rapide que celle des autres énergies en raison de ses performances environnementales peu satisfaisantes.

Une consommation plus équilibrée entre pays du Nord et du Sud

Alors qu'en 2002, l'OCDE représentait 52 % de la consommation d'énergie primaire, elle devrait atteindre 43 % en 2030. En revanche, la part des pays dits en voie de développement devrait fortement progresser pour s'élever à 48 % en 2030, contre 38 % en 2002. Celle des économies en transition resterait stable (10 % en 2002 et 9 % en 2030). L'Asie – en particulier la Chine et l'Inde – et, dans une moindre mesure, l'Amérique du Sud devraient « tirer » la consommation des pays du Sud.

Barrage des Trois-Gorges (Chine), l'un des plus grands projets hydroélectriques de l'histoire. À son achèvement, il mesure 185 m de haut pour 2 km de long et crée un bassin de retenue de 600 km de diamètre. Ce projet était très controversé car il a détruit de nombreux vestiges archéologiques et des milliers d'hectares de terres agricoles.

Dans ce contexte, les émissions de CO_2 augmenteraient de 68,6 % en 30 ans, soit un taux proche de celui de la consommation d'énergie. Selon l'AIE, 38 214 millions de tonnes seraient ainsi rejetées.

À l'horizon 2050

La plupart des scénarios (Conseil mondial de l'énergie et Shell, notamment) font état d'une consommation comprise entre 20000 Mtep et 25000 Mtep. Les différences sont, bien entendu, importantes selon les hypothèses retenues. Le prix des énergies est d'ailleurs le principal facteur d'incertitudes. Une énergie coûteuse (en particulier le pétrole) est un frein à la consommation et améliore la compétitivité des énergies alternatives (notamment les biocarburants), ce qui joue, à terme, à la fois sur le niveau de consommation global et sur la contribution de chacune des énergies. À l'inverse, une énergie bon marché dopera la consommation et ralentira considérablement le développement des choix alternatifs.

La Chine, un pays boulimique d'énergie

Les chiffres sont éloquents. De 1999 à 2009, la consommation d'énergie primaire chinoise a augmenté de 231 % avec une accélération sur la fin de la période. Cette consommation effrénée – « tirée » par une conjoncture économique proche de la surchauffe – devrait se poursuivre.

L'AIE pronostique que la consommation d'énergie primaire augmentera de 167 % de 2000 à 2030 (950 Mtep à 2539 Mtep). À elle seule, la Chine devrait être responsable de 20 % de l'augmentation de la demande mondiale d'énergie au cours de ces trois décennies. Tous les secteurs seraient concernés : triplement de la consommation des transports, multiplication par 3,5 de la demande d'électricité, etc. Toutes les énergies devraient également être appelées.

La consommation de charbon devrait rester prépondérante, celle de pétrole ferait plus que doubler. Mais les progressions les plus remarquables sont celles de l'hydroélectricité (x 2,8), du gaz naturel (x 5,0) et du nucléaire (x 10).

Les émissions de CO_2 augmenteront aussi très rapidement à cause du recours massif au charbon. En 2030, elles devraient se monter à 7144 millions de tonnes (+ 120 % par rapport à 2002). La Chine représentera alors près de 18,7 % des rejets mondiaux de CO_2, contre 14% en 2002.

Le barrage des Trois-Gorges

Pour satisfaire la hausse de sa consommation d'énergie, la Chine s'est lancée dans un programme d'équipements très ambitieux. Parmi toutes les infrastructures planifiées, le barrage des Trois-Gorges est un projet pharaonique. Sa construction sur le Yangzi Jiang a débuté en 1994 et s'est achevée en 2009.

Long de plus de 2 km et haut de 185 m, il a créé un bassin de retenue d'environ 10 000 km^2.

Les 26 turbines installées développent une puissance de 18000 MW, soit l'équivalent d'une douzaine de réacteurs nucléaires de dernière génération.

Le coût total du chantier est compris entre 25 et 30 milliards de dollars. Ce projet – poussé par le Premier ministre de l'époque, Li Peng – était très controversé à la fois en Chine et hors de Chine. Les conséquences humaines, culturelles et environnementales sont à la mesure du projet : 1,2 million de personnes déplacées, des trésors archéologiques perdus, des milliers d'hectares de terres agricoles submergées et des millions d'animaux noyés.

Les transports de demain

Les transports – responsables d'environ 30 % des émissions mondiales de GES – ont également un impact local très important. La réduction de la pollution dans ce domaine est donc un enjeu majeur.

Les véhicules propres

Si limiter le recours aux véhicules particuliers par le développement des transports en commun est envisageable, la réduction des émissions unitaires par véhicule est un chantier prioritaire. Les efforts réalisés par les constructeurs automobiles sont significatifs. Ainsi, progressivement, la consommation moyenne des véhicules européens baisse pour atteindre actuellement 5,79 l/100 km en moyenne.
Le Portugal et la France occupent les premières positions avec 5,15 et 5,25 l/100 km.

Bus roulant au gaz naturel. Ce type de transport urbain permet de réduire fortement les émissions de polluants – oxyde de carbone, hydrocarbures, oxydes d'azote, particules –, de supprimer les odeurs et les fumées noires. Moins bruyant, il offre également un niveau de sécurité élevé, voire même supérieur aux carburants traditionnels.

Le plan « véhicules propres »

En septembre 2003, le gouvernement français a annoncé le lancement de ce plan. L'objectif était de soutenir la recherche en matière de véhicules moins polluants, en partenariat avec les constructeurs. D'une durée de 5 ans, le plan était doté d'un budget de 40 millions d'euros. La recherche sur les moteurs et carburants afin de limiter les rejets de polluants devait absorber environ un quart de l'enveloppe. L'amélioration des batteries des véhicules électriques était également un des thèmes prioritaires (7,6 millions d'euros). Le développement de la pile à combustible dans les transports (5,8 millions d'euros) et la réduction du bruit des véhicules (4,8 millions d'euros) étaient aussi des chantiers importants. En outre, environ 20 % du budget a été consacré aux transports urbains et de marchandises. Parallèlement, les mesures incitatives à l'acquisition de véhicules alternatifs (électriques et fonctionnant au GNV ou au GPL) ont été maintenues. Par exemple, l'Ademe accorde une aide comprise entre 2 000 et 3000 euros pour l'achat d'un véhicule électrique.

Les émissions de CO_2 sont, elles, passées de 185 g/km en 1995 à 164g/km en 2002 et à 141g/km en 2009.
Les meilleurs élèves européens sont la France et le Portugal où les voitures ne rejettent que 130 et 130,27 g/km. Comme pour la consommation, les pays du Nord occupent les dernières places.
En Suède, la moyenne se situe à 154,72 g/km en raison d'une motorisation supérieure.
Les motorisations alternatives peuvent également contribuer à la réduction des émissions de polluants. Plusieurs technologies sont disponibles : les véhicules fonctionnant à l'électricité, au gaz de pétrole liquéfié (GPL) et au gaz naturel véhicules (GNV), les moteurs hybrides combinant électricité et carburants, ainsi que les véhicules à pile à combustible. Toutefois, ces différentes filières peinent à décoller. Les problèmes sont multiples. Le stockage pose encore des difficultés en termes d'encombrement, d'autonomie et de sécurité. De plus, les réseaux de distribution ne sont pas adaptés. L'avenir de ces filières est donc encore loin d'être totalement assuré.

Les biocarburants : l'agriculture au secours des transports

Les biocarburants sont d'origine agricole et utilisés comme additifs aux carburants classiques. Il en existe deux sortes. L'éthanol – ou bioéthanol – est un alcool obtenu à partir de la fermentation du sucre. Il est donc produit avec des plantes riches en sucre (betteraves, cannes à sucre, etc.) ou en amidon (maïs, pomme de terre, etc.) et combiné avec de l'essence dans des proportions allant de 5 % (en Europe) à 25 % (au Brésil). Son dérivé, l'ETBE, a le même usage. Le biodiesel – aussi appelé Diester – est principalement tiré du colza. Il est déjà un constituant du gazole à hauteur de 5 %, mais peut être utilisé dans des proportions bien supérieures.

De nombreux avantages

Leur utilisation permet de réduire la dépendance énergétique en évitant des importations de pétrole. Environ 400 000 tonnes de pétrole importé sont ainsi évitées en France grâce aux biocarburants, alors qu'ils ne représentent que 1 % des carburants utilisés.
Le deuxième avantage est de limiter les émissions de CO_2. L'émission de CO_2 par litre a été réduite de 2 à 2,6 kg en comparaison avec les carburants traditionnels. Enfin, les biocarburants sont une solution au problème des jachères.
La production mondiale d'éthanol se monte à plus de 200 millions d'hectolitres.
Le Brésil – qui concentre plus de la moitié de la production – et les États-Unis – 36 % –

De l'huile végétale à la place du gazole. Les biocarburants sont obtenus par la transformation de plantes en énergie liquide. Avantageux au niveau économique, ils le sont également pour l'environnement en réduisant les émissions polluantes et en ne participant pas au renforcement de l'effet de serre.

sont très nettement en tête en matière d'utilisation des biocarburants. L'Europe est très loin derrière, avec une production de 2 millions d'hectolitres, soit 1 % du total mondial. En revanche, elle est leader en matière de production de biodiesel, qui a dépassé le million de tonnes en 2002.

Des mesures européennes pour doper la filière

En mai 2003, une directive visant à promouvoir l'utilisation de biocarburants ou autres carburants renouvelables dans les transports a été adoptée. Plusieurs échéances ont été fixées. Fin 2005, leur part devait atteindre 2 % de la consommation d'essence et de diesel. Fin 2010, elle devra être de 5,75 %, puis à plus de 20 % en 2020.

Cette directive est un premier pas important, mais le meilleur soutien aux biocarburants et aux véhicules propres en général est le maintien à un niveau élevé des cours du pétrole.

Le développement des technologies alternatives a été peu ou pas poussé à cause du pétrole bon marché après le contre-choc pétrolier de 1986. Avec un cours de 40 dollars ou plus le baril, les biocarburants ont un intérêt économique, ce qui est le meilleur garant de leur développement.

La séquestration du gaz carbonique

Une des solutions envisagées pour réduire l'impact des émissions de CO_2 est de le piéger et de le stocker. Après sa capture, le CO_2 pourrait être introduit dans plusieurs types de stockage, actuellement à l'étude : gisements de gaz ou de pétrole déjà exploités, cavités salines en profondeur et veines de houille inexploitées.

Cette technique suppose de pouvoir le capter à la source. Elle ne concerne donc que les sources d'émissions concentrées (centrales thermiques par exemple). Une autre manière consiste à utiliser les propriétés de fixation du CO_2 des végétaux. La sélection des meilleures espèces et leur plantation à grande échelle permettrait de capter le CO_2 dispersé (émis par les véhicules notamment). Si la première solution en est au stade expérimental, la reforestation est un moyen « simple » et sain de fixer le CO_2.

La pile à combustible, solution miracle ?

Contrairement à ce que pourrait laisser penser l'engouement actuel pour les piles à combustible, la découverte du procédé technologique remonte à près de deux siècles. La première installation de ce type a été construite en 1839. Son principe de fonctionnement repose sur une réaction inverse à l'électrolyse de l'eau. Grâce à un courant électrique, l'électrolyse décompose l'eau en molécules d'oxygène et d'hydrogène. Au contraire, une pile à combustible recompose les molécules d'hydrogène et d'oxygène en eau et génère un courant électrique. Elle peut être utilisée pour des applications stationnaires (production d'électricité), des applications portables (équipement de télécommunications) et les transports.

Une technologie qui soulève beaucoup d'espoir

Ses deux avantages principaux sont un bilan environnemental potentiellement satisfaisant (selon les filières) grâce à des rendements élevés et à son caractère inépuisable. Mais de nombreux obstacles sont encore à franchir. Le plus important d'entre eux concerne l'approvisionnement en hydrogène, qui n'existe pas à l'état naturel. Plusieurs solutions sont envisageables : l'électrolyse, l'utilisation d'un reformeur (extraction des molécules d'hydrogène d'un hydrocarbure) ou le craquage de coupes pétrolières. Ces trois procédés présentent des inconvénients.

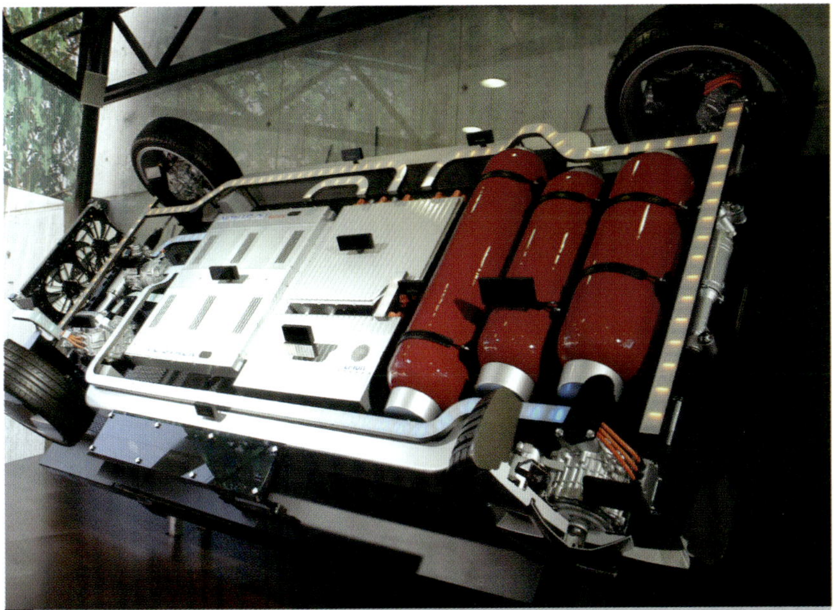

La pile à combustible à l'origine d'une nouvelle génération d'automobiles non polluantes. Ce type de véhicule n'émet aucun gaz à effet de serre, seulement de la vapeur d'eau, mais son coût élevé est un frein important à sa commercialisation.

La première option n'a d'intérêt que si l'électricité servant à l'électrolyse est produite à partir de renouvelables et/ou d'unités à haut rendement pour éviter et/ou limiter les émissions de GES. Les deux dernières – en utilisant une énergie fossile – ne s'affranchissent pas des contraintes liées à ces énergies (réserves et émissions de GES). Le reformage est actuellement privilégié par les industriels. L'autre grande difficulté est de stocker l'hydrogène. La molécule peut traverser de nombreux matériaux et nécessite d'être liquéfiée (- 253 °C). Le stockage est donc, pour le moment, très coûteux et encombrant.

Un développement qui nécessite un soutien important

Les États-Unis sont les premiers pourvoyeurs de fonds de cette filière. En 2001, le Department of Energy (DOE) a mis en place un programme décennal de soutien d'un montant de 500 millions de dollars. Il finance également chaque année des projets de développement. Pour la seule année 2001, une enveloppe de 85 millions de dollars a été allouée à la réduction des coûts, de la taille, du poids et du temps de démarrage des piles à combustible, ainsi qu'à la production et au stockage de l'hydrogène.
Ce soutien explique que les instituts de recherche et les entreprises américaines soient en pointe dans ce domaine. Le Japon subventionne également à grande échelle des travaux de recherche. En revanche, l'Europe affiche un certain retard.
La pile à combustible pour des applications stationnaires est la plus proche de la maturité. À ce jour, plusieurs centaines d'unités de faible puissance sont en test, mais les coûts d'investissement sont encore très élevés. Le début de la diffusion à une échelle commerciale pourrait être envisagée dans quelques années.
Dans le domaine des transports, la plupart des constructeurs développent des prototypes de véhicules particuliers. Des bus sont également équipés. Les résultats semblent satisfaisants, même si les coûts de développement sont encore prohibitifs. Mais les plus optimistes – dont General Motors – estiment que la production en série de véhicules équipés de pile à combustible avec un reformeur fonctionnant à l'essence pourrait être une réalité bientôt. Il semble que cette phase n'intervienne qu'à partir de 2015-2020.
Enfin, l'avenir de la pile à combustible est très incertain dans le domaine des télécommunications, le coût des systèmes ne permettant pas, pour le moment, de valider la technologie et de déterminer une date de commercialisation.

Borne de charge de véhicules électriques. Si ce type d'automobile est apprécié pour ses qualités environnementales et sa simplicité de conduite, le marché reste toutefois dérisoire par rapport aux millions d'automobiles immatriculées. Ses faiblesses restent principalement la vitesse, l'autonomie et des infrastructures encore peu développées.

L'énergie de la mer

La mer recèle un potentiel énergétique considérable, qu'il s'agisse de l'exploitation du mouvement des marées et des vagues ou des différences thermiques entre la surface et les profondeurs.

Les marées : une source d'énergie inépuisable et indépendante des aléas climatiques

On estime que la puissance des marées est de l'ordre de 3 TW, soit un gisement compris entre 100 et 300 GW. La centrale marémotrice de la Rance, en France, est la première qui ait été mise en service (1966). D'une puissance de 240 MW, elle bénéficie d'un coefficient de marée élevé. Le principe de fonctionnement repose sur le remplissage d'un bassin à marée haute, suivi de la libération de l'eau à marée basse, qui entraîne des turbines. Des projets de ce type existent également en Russie ou au Royaume-Uni. Toutefois, les sites permettant l'exploitation de cette énergie sont limités car l'amplitude des marées doit être relativement importante.

Exploiter l'énergie des vagues

Plusieurs technologies sont envisageables en utilisant des bouées en mouvement, des caissons de récupération, un dispositif à débordement de chenal, etc.
De nombreux pays s'intéressent à ce type de valorisation, en particulier l'Australie, l'Écosse, le Japon et la Norvège.

L'exploitation des gisements offshore : jusqu'à quelle profondeur ?

Actuellement, les forages sous-marins les plus profonds atteignent plus de 2 300 m. Dans ce domaine, les progrès ont été particulièrement rapides. Dans les années 1970, l'exploitation de gisements par 300 m de fond constituait un record. Aujourd'hui, la recherche prépare les forages à plus de 3 000 m sous l'eau. À cette profondeur, de multiples problèmes se posent.
La masse des tubes reliant le gisement à la surface devient trop importante. Des structures en carbone permettraient de réduire le poids environ de moitié. L'autre grande difficulté est la température qui règne à de telles profondeurs, proche de 0 °C. Si l'on ajoute à ces contraintes des pressions extrêmes, les fluides ont alors un comportement qui nécessite des adaptations. D'ici quelques années, les forages par plus de 3 000 m de fond devraient être fréquents.

Des projets d'« éoliennes sous-marines » sont également en développement au Royaume-Uni. Dans ce cas, un rotor est immergé et les pales sont actionnées par le mouvement des courants et des marées.

Une autre voie de recherche : l'exploitation de l'énergie thermique des océans

La surface des océans les plus chauds peut aller jusqu'à environ 25 °C alors que les températures des profondeurs atteignent 5 °C à 1 000 m et 0 °C à 4 000 m. Les systèmes imaginés pour récupérer cette énergie fonctionnent sur le principe de la pompe à chaleur.
Les coûts de développement de ces différentes technologies sont, pour le moment, prohibitifs, mais l'énergie des mers constitue un tel gisement que son utilisation à grande échelle pourrait se concrétiser dans quelques décennies.

Centrale marémotrice de la Rance (France). Ce barrage, qui utilise la force des marées pour produire de l'électricité à l'échelle industrielle, est unique au monde. Avec une puissance installée de 240 MW, il peut approvisionner une ville de 300 000 habitants.

La fusion thermonucléaire contrôlée : l'avenir énergétique de la planète ?

La fusion thermonucléaire est la source d'énergie des étoiles telles que le Soleil. À l'inverse de la fission – qui est le principe des réacteurs nucléaires d'aujourd'hui –, la fusion repose sur l'association de noyaux d'atomes pour donner le noyau d'un atome plus lourd, des neutrons et de l'énergie.

L'énergie des étoiles

C'est la fusion du deutérium et du tritium – deux isotopes de l'hydrogène – qui retient l'attention des chercheurs. Un seul gramme de ces composants a le même pouvoir énergétique que 8 tonnes de pétrole environ. En matière de production d'électricité, la maîtrise de la fusion pourrait donc permettre de bénéficier d'une énergie inépuisable. D'autant que le deutérium est très abondant sur terre. L'eau de mer en contient plus de 30 grammes par mètre cube. Le tritium est, quant à lui, obtenu grâce au lithium.

LEXIQUE

[Isotope]
Produit constitué d'atomes ayant le même nombre d'électrons et de protons mais pas de neutrons.

Pour parvenir à la fusion, deux étapes sont nécessaires. La première consiste à rapprocher les noyaux. Pour cela, une première quantité d'énergie est indispensable. Il faut ainsi porter les noyaux à une température supérieure à 100 millions de degrés. Le mélange est alors appelé plasma. La seconde étape est franchie lorsque la réaction s'autoentretient, c'est-à-dire que la température dégagée suffit à générer la fusion sans apport énergétique extérieur (cas du Soleil). Tout l'intérêt de la fusion est donc de générer plus d'énergie que le déclenchement de la réaction n'en a nécessité.

La méthanisation

Ce procédé anaérobie (sans air) permet de produire un biogaz à partir de déchets fermentescibles (déchets des industries du bois, de l'agriculture, de cuisine, et boues d'épuration). Selon les procédés, 100 à 200 m^3 de gaz par tonne de déchets peuvent être récupérés pour produire de la chaleur et/ou de l'électricité, et ainsi être valorisés. Ce mode de traitement des déchets suppose une collecte sélective. Même s'il offre l'avantage de proposer une solution à la gestion de certains déchets tout en produisant de l'énergie, il ne peut prétendre qu'à un rôle marginal dans la satisfaction de nos besoins énergétiques. Actuellement, la France ne compte que deux unités de méthanisation des déchets municipaux et l'Europe une soixantaine.

Le projet ITER

Le début de la recherche sur la maîtrise de la fusion date d'une quarantaine d'années. L'Union soviétique a longtemps été en avance dans ce domaine.

La fusion thermonucléaire ou comment fabriquer une énorme quantité d'énergie non polluante. En portant les noyaux à des températures très élevées (100 à 200 millions de degrés), les chercheurs recréent les conditions observées dans les étoiles et obtiennent ainsi un plasma ni liquide ni gazeux. Pour que la réaction persiste, le plasma ne doit pas se refroidir et doit donc être confiné dans un champ magnétique.

En 1985, elle a proposé qu'une coopération internationale voit le jour pour construire les nouvelles installations destinées à poursuivre les recherches sur le plasma. En 1986, le projet de l'International Experimental Thermonuclear Reactor (ITER) réunit l'Union soviétique, les États-Unis, le Japon et l'Europe ; depuis, la Chine, la Corée du Sud et le Canada les ont rejoints. Les travaux d'ingénierie détaillée et de coordination technique se sont achevés fin 2002. L'étape suivante consistait à choisir un site pour la construction d'ITER. Deux lieux étaient en compétition.

L'Union européenne, la Chine et la Russie défendaient le choix de Cadarache, en France, alors que la Corée du Sud, les États-Unis et le Japon préfèraient le site de Rokkasho-Mura dans l'archipel nippon. Après plusieurs rounds de négociation, la décision fut prise à l'unanimité en juin 2005 : le réacteur ITER sera implanté à Cadarache. Le budget du projet s'élève à environ 10 milliards de dollars et la construction du réacteur devrait durer une dizaine d'années, pour une exploitation d'une vingtaine d'années.

LEXIQUE

[Fusion]
Passage d'un corps solide à l'état liquide sous l'action de la chaleur. Lorsqu'elle est produite à très haute température (plusieurs millions de degrés), la fusion entraîne aussi un grand dégagement d'énergie : elle est à l'origine de la nucléosynthèse.

Un enjeu : démontrer la faisabilité technique de la fusion contrôlée

L'objectif d'ITER est de parvenir à la première phase décrite précédemment et de produire dix fois plus d'énergie que celle nécessaire à l'amorçage de la réaction. Jusqu'à présent, les meilleurs résultats ont été obtenus dans les installations européennes de JET et de Tore Supra avec un facteur 0,7 pendant moins de 7 minutes. Au regard de ces performances, les ambitions d'ITER sont très élevées.

Un projet à l'origine de nombreuses contestations

Des mouvements écologistes et une partie de la communauté scientifique estiment que les fonds destinés à ITER pourraient être mieux utilisés en finançant les énergies renouvelables. Par ailleurs, la question des déchets radioactifs générés par le réacteur n'est toujours pas réglée. Enfin, les opposants au projet évoquent les risques de prolifération de tritium, qui peut servir à fabriquer des bombes atomiques. En tout état de cause, le chemin sera long pour une exploitation commerciale de ce procédé… si elle voit le jour. Ses promoteurs avancent qu'une telle issue est envisageable d'ici 50 à 80 ans. Les difficultés à surmonter sont très nombreuses. Outre le déclenchement de la réaction, le confinement du plasma est un des problème les plus aigus.

La géothermie

Ce procédé utilise la chaleur du sol ou de nappes d'eau souterraines pour la restituer ou pour produire du froid (selon le principe du réfrigérateur). Ces nappes aquifères peuvent se situer à quelques dizaines, voire centaines, de mètres de profondeur. Les températures requises pour qu'une installation géothermique fonctionne peuvent être comprises entre 30 °C et 100 °C. Les usages sont multiples : chauffage urbain, maraîchage sous serre, piscines, pisciculture, etc. En France, l'Aquitaine, le Centre, l'Île-de-France, la Lorraine et Midi-Pyrénées sont les Régions les mieux dotées en ressources géothermiques. Jusqu'à présent peu développée, la géothermie constitue pour l'avenir une source d'énergie d'un grand intérêt.

Tokamak JET à Culham Oxfordshire (Grande-Bretagne). L'objectif de cette machine à confinement magnétique est de reproduire les réactions de fusion nucléaire qui ont lieu en permanence au cœur des étoiles. Lorsque cette technique sera maîtrisée, elle délivrera une source quasi illimitée d'énergie.

Pour en savoir plus

L'énergie fossile dans le monde

Face à une consommation et à une production qui ne cessent d'augmenter, ce type d'énergie – qui regroupe le pétrole, le gaz naturel et le charbon – rencontre un problème majeur : celui de l'épuisement de ses réserves.

État de la production mondiale par zone géographique

L'Asie et l'Amérique du Nord sont les deux principales régions de production d'énergie fossile, mais leurs évolutions sont très différentes. Si la production en Asie augmente à un rythme soutenu au gré de la croissance de la consommation, ce n'est pas le cas de

La production mondiale d'énergie fossile selon les régions (en millions de tep)

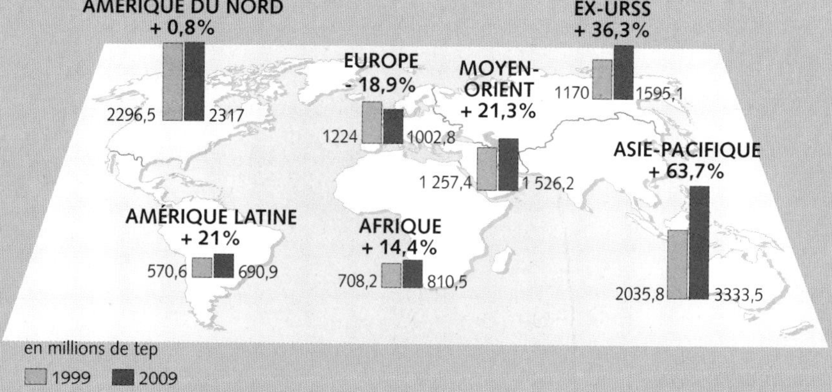

Source : BP *Statistical Review of World Energy* 2010

l'Amérique du Nord, où la hausse de la production est lente, voire en recul, comme aux États-Unis (-3,8 % au cours de la décennie).

L'ex-URSS se distingue par le recul de sa production, intervenu à la fin des années 1990. L'effondrement de l'empire soviétique et les difficultés économiques, sociales et politiques qui en ont découlé ont profondément perturbé l'industrie énergétique de la région.

Mais la situation la plus singulière est celle de l'Europe, troisième centre de consommation. La production y est en forte baisse sur la fin de la période. Le déclin de la production de charbon n'est pas compensé par la faible augmentation de la production de pétrole et de gaz naturel. Cette situation soulève des interrogations sur les approvisionnements futurs.

Pour les autres zones géographiques, la croissance de la production est nettement plus rapide que la moyenne mondiale.

Une dépendance énergétique qui s'accentue

Les trois principales régions de consommation d'énergie fossile sont en situation de dépendance à l'égard des autres zones géographiques pour leurs approvisionnements énergétiques. Cette situation empire même puisque le taux d'indépendance était de 88,8 % pour l'Amérique du Nord, de 77,9 % pour l'Asie et de 65,8 % pour l'Europe en 1993.

Le degré d'indépendance en termes d'énergie fossile en 2009 (en %)

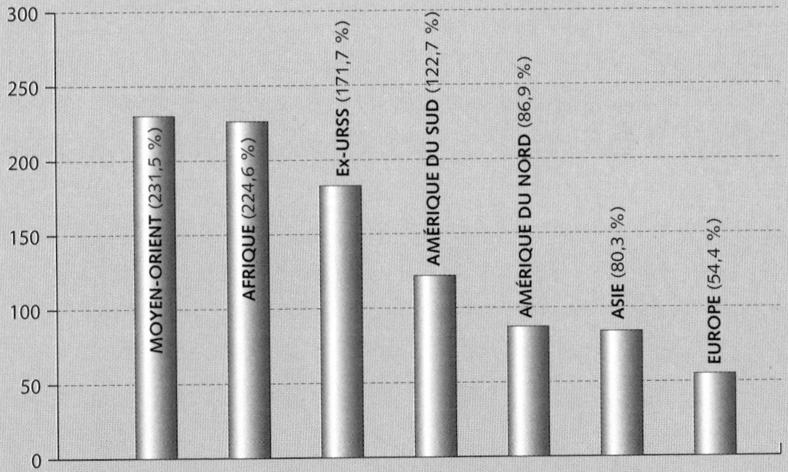

L'indépendance en termes d'énergie fossile est mesurée par le ratio production/consommation. Ainsi, la production au Moyen-Orient représente 231,5% de la consommation de la zone. Elle peut donc en exporter une grande partie. Au contraire, la production européenne ne couvre que 44,4% de ses besoins. Elle doit donc importer le complément.

Source : d'après BP *Statistical Review of World Energy* 2010

Pour en savoir plus

À l'avenir, ce problème va s'amplifier, le Nord devenant de plus en plus dépendant du Sud pour ses approvisionnements énergétiques, d'où l'impérieuse nécessité de maîtriser la consommation d'énergie. Toutefois, d'un strict point de vue macroéconomique, il est préférable que le Nord dépende du Sud dans ce domaine plutôt que l'inverse, le transfert de richesse se faisant des plus riches vers les plus pauvres.

Une production inégalement répartie

En 2006, l'Amérique du Nord présente le profil de production d'énergie fossile le plus équilibré, avec une contribution presque équivalente de chaque énergie. L'Europe est dans une situation proche, mais la production y est plus de deux fois inférieure.

Dans les autres régions, de grandes différences apparaissent. Le Moyen-Orient est, bien sûr, la principale zone de production de brut, mais il ne produit pas de charbon. C'est en effet l'Asie qui contribue à plus de la moitié de la production mondiale de charbon.

En revanche, la production de gaz naturel est relativement bien répartie, ce qui constitue un avantage majeur pour cette énergie qui n'a aucun usage captif.

Des écarts entre les niveaux de production qui devraient encore se creuser

Le déclin de la production de pétrole et de gaz naturel en Europe et en Amérique du

La répartition de la production mondiale d'énergie fossile en 2009 (en millions de tep)

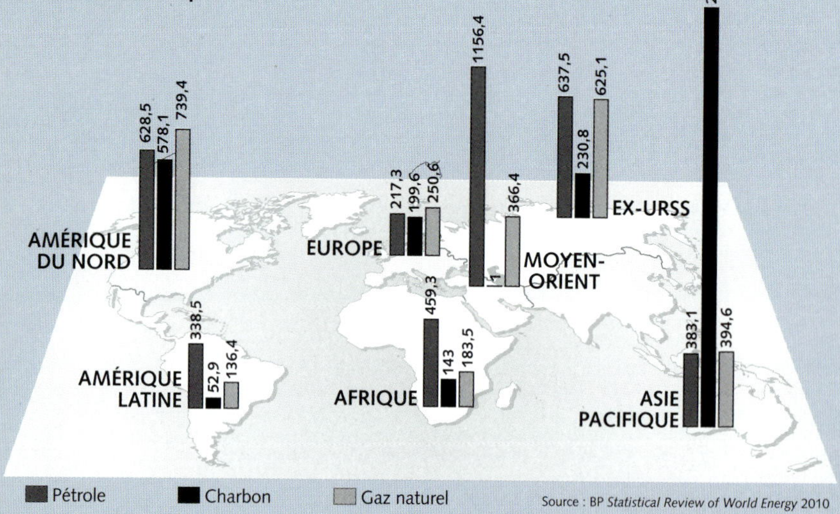

Source : BP *Statistical Review of World Energy* 2010

Nord sera bientôt une réalité (c'est déjà le cas dans certains pays). Dans les autres zones, la production augmentera à mesure que de nouveaux gisements seront mis en exploitation. La principale contrainte est financière, de nombreux pays du Sud n'ayant pas toujours les moyens d'investir dans les installations de production d'énergie fossile.

L'OPEP assure actuellement environ 42 % de la production mondiale de pétrole. En légère augmentation sur la décennie qui vient de s'écouler (+ 1 point), cette part devrait continuer à progresser sous l'effet de l'augmentation de la production des pays membres de l'organisation et du déclin de la production aux États-Unis et en Europe.

Les dix premiers producteurs de pétrole au monde en 2009

Rang	Pays	Production (en millions de tonnes)	Part de la production mondiale (en %)
1	Russie	494,2	12,9
2	Arabie saoudite	459,5	12
3	États-Unis	325,3	8,5
4	Iran	202,4	5,3
5	Chine	189	4,9
6	Canada	155,7	4,1
7	Mexique	147,5	3,9
8	Venezuela	124,8	3,3
9	Koweït	121,3	3,2
10	Émirats arabes unis	120,6	3,2

Source : *BP Statistical Review of World Energy 2010*

Les dix premiers producteurs de gaz naturel au monde en 2009

Rang	Pays	Production (en millions de tep)	Part de la production mondiale (en %)
1	États-Unis	541,8	20,1
2	Russie	474,8	17,6
3	Canada	145,3	5,4
4	Iran	118,1	4,4
5	Norvège	93,1	3,5
6	Qatar	80,4	3
7	Chine	76,7	2,8
8	Algérie	73,3	2,7
9	Arabie saoudite	69,7	2,6
10	Indonésie	64,7	2,4
11	Ouzbékistan	58	2,2

Source : *BP Statistical Review of World Energy 2010*

Pour en savoir plus

Les dix premiers producteurs de charbon au monde en 2009

Rang	Pays	Production (en millions de tep)	Part de la production mondiale (en %)
1	Chine	1552,9	45,6
2	États-Unis	539,9	15,8
3	Australie	228,0	6,7
4	Inde	211,5	6,2
5	Indonésie	155,3	4,6
6	Afrique du Sud	140,9	4,1
7	Russie	140,7	4,1
8	Pologne	56,4	1,7
9	Kazakhstan	51,8	1,5
10	Allemagne	44,4	1,3

Source : *BP Statistical Review of World Energy 2010*

Pétrole : des coûts de production différents selon les régions

Les variables explicatives sont nombreuses : la localisation (offshore ou onshore), la profondeur du gisement, les conditions climatiques, etc. Or le prix de vente du pétrole s'impose, globalement, à tous les producteurs. Théoriquement, le prix est égal au coût d'extraction marginal.

La marge générée par les producteurs est donc d'autant plus importante que les coûts de production sont bas. C'est ce que l'on appelle la rente différentielle en théorie économique. Les pays du Golfe persique ont donc un avantage considérable sur les autres régions car ils disposent des réserves les plus importantes et des coûts de production les plus bas.

Les coûts techniques (1) d'un baril de pétrole (en dollar)

Moyen-Orient	2 à 4
Afrique du Nord	4 à 5
Mer Caspienne	8 à 10
Golfe du Mexique	9 à 10
Mer du Nord	10 à 12
Sibérie	12 à 15

(1) Coût d'exploration, de développement et de production.

Source : *IFP*

Les compagnies d'énergie : bilans et perspectives

Qu'elles soient privées ou publiques, spécialistes d'une énergie ou de plusieurs, ces sociétés comptent parmi les plus importantes au monde.

L'activité des compagnies pétrolières et gazières

Le chiffre d'affaires consolidé des premières compagnies pétrolières et gazières mondiales dépasse largement la barre des 250 milliards de dollars. Exxon Mobil arrive nettement en tête du classement. Un deuxième groupe – composé de Total, Chevron-Texaco et Conoco-

Les 10 premières compagnies pétrolières et gazières au monde en 2007

Rang	Compagnies	Pays	Chiffre d'affaires consolidé* (en MUSD**)	Résultat net consolidé (en MUSD**)
1	Exxon Mobil	États-Unis	365 467	39 500
2	Royal Dutch Shell	Pays-Bas/ Royaume-Uni	318 845	25 442
3	BP	Royaume-Uni	265 906	22 000
4	Chevron-Texaco	États-Unis	204 892	17 138
5	Conoco-Phillips	États-Unis	183 650	15 550
6	Total	France	176 937	15 692
7	ENI	Italie	114 818	12 291
8	Sinopec	Chine	103 242	5 287
9	Gazprom	Russie	81 560	24 223
10	Petrobras	Brésil	76 852	12 588

* hors excise taxes

** en millions de dollars

Phillips – est détaché des trois majors de tête. Chacun d'entre eux réalise un chiffre d'affaires compris entre 175 et 205 milliards de dollars. Les autres opérateurs sont ensuite décrochés.

Une industrie largement dominée par les États-Unis

La hiérarchie des compagnies pétrolières comporte donc trois sous-groupes relativement homogènes en termes de chiffre d'affaires. Dans les six premiers, trois sociétés sont américaines et présentes sur toute la chaîne pétrolière. Toutes les compagnies pétrolières produisent du pétrole, le raffinent et vendent les produits obtenus. Elles sont également présentes dans la production de gaz naturel.

En termes de profit, Exxon Mobil est le champion incontesté de l'industrie pétrolière. En 2006, le groupe a réalisé près de 40 milliards de dollars de bénéfices. Globalement, l'activité pétrolière est extrêmement profitable, surtout depuis quelques années et la flambée des cours. C'est l'amont (exploration-production) qui génère le plus de profit, les marges étant nettement moins élevées dans le raffinage et la distribution des produits pétroliers.

Une puissance qui se mesure sur les marchés boursiers

Sur les vingt premières capitalisations boursières mondiales, quatre appartiennent au secteur pétrolier et gazier. Aucune autre industrie ne rivalise. Grâce à ses profits, Exxon Mobil arrive logiquement en tête. Au classement mondial, toutes catégories confondues, le groupe américain est également le premier, loin devant General Electric

Les autres industries énergétiques sont relayées très loin derrière celle du pétrole. Ainsi, à titre de comparaison, la première compagnie d'extraction de charbon, BHP Billiton (Australie/Royaume-Uni), ne se classe qu'en 33e position mondiale avec une capitalisation boursière de 137 milliards de dollars. La première utilities est plus proche. Il s'agit d'EDF qui, avec une valorisation de 150 milliards de dollars, arrive au 29e rang mondial.

La capitalisation boursière des compagnies pétrolières et gazières en juin 2010

Compagnies	Capitalisation boursière (en milliards de dollars)
Exxon Mobil	291
Petrochina	280,69
Royal Dutch Shell	165,29
Petrobras	154,64
Chevron-Texaco	148,65
Gazprom	120,71
Total	113,73
China Petroleum	100,49
BP	94,37
Conoco-Phillips	81,05

Quelles sont leurs réserves ?

C'est Petrobras qui dispose des réserves de pétrole les plus importantes au monde parmi les entreprises cotées en bourse. En moyenne, les compagnies pétrolières ont des réserves autorisant environ dix ans de production au rythme actuel : 11,8 ans pour Total, 9,8 ans pour Exxon Mobil. Gazprom est une exception puisque le groupe dispose de 40 ans de réserve mais sa production est relativement faible. Seul Royal Dutch Shell affiche un niveau très faible, avec moins de 6 ans de réserve.

Les réserves prouvées de pétrole des 10 premières compagnies pétrolières cotées en bourse en 2006

Compagnies	Réserves de pétrole (en milliards de barils)
Petrobras	11 670
Gazprom	10 124
Exxon Mobil	8 194
Total	6 471
BP	5 893
Chevron-Texaco	5 294
ENI	3 481
Sinopec	3 294
Royal Dutch Shell	3 270
Conoco-Phillips	3 200

Les réserves sont le nerf de la guerre pour les compagnies pétrolières. C'est la raison pour laquelle elles cherchent perpétuellement à les augmenter, ou au moins à ne pas trop réduire leur niveau. Il existe principalement deux moyens pour les accroître : investir dans l'exploration et/ou acquérir des compagnies pétrolières disposant de réserves.

Le premier moyen est relativement moins coûteux, mais plus risqué. Il consiste à réaliser des campagnes de recherches sismiques et à vérifier ensuite les résultats de ces sondages par des forages. On estime ainsi qu'environ 1 puits sur 7 est rentable. Le risque de ne rien trouver est relativement élevé et les investissements nécessaires pour extraire la ressourcc sont colossaux. Les compagnies pétrolières préfèrent donc s'associer pour exploiter les gisements afin de réduire les risques. Le second moyen – les fusions/acquisitions – est fréquemment utilisé. L'augmentation des réserves est d'ailleurs une des raisons qui explique les nombreuses opérations capitalistiques réalisées ces dernières années.

Le niveau des réserves est un des critères de valorisation boursière des compagnies pétrolières et gazières. Il est possible d'estimer les profits de la compagnie avec des hypothèses de cours du brut. Leur localisation est également primordiale puisque ce paramètre détermine les conditions d'exploitation et la dépendance à d'éventuels risques, en particulier politiques lorsque les réserves se trouvent dans des régions instables.

L'affaire des réserves de Shell

Au premier semestre 2004, Royal Dutch Shell a annoncé une révision à la baisse de ses réserves de pétrole et de gaz naturel à quatre reprises. Au total, la surévaluation représente 23 %, soit 4,5 milliards de barils équivalents pétrole. Sous la pression des actionnaires et des autorités boursières, le groupe a reconnu ne pas avoir respecté les règles en vigueur en matière de comptabilisation des réserves. Ces révélations ont ébranlé les milieux financiers. Le titre de l'entreprise a subi de fortes perturbations, les investisseurs estimant qu'une trentaine de milliards de dollars de profits avaient ainsi virtuellement disparu (4,5 milliards de bep x 7 dollars de profit par baril en moyenne à l'époque). En réaction, la direction de Royal Dutch Shell compte investir 14 milliards d'euros pour renouveler ses réserves.

Pour en savoir plus

L'activité des utilities (prestataires d'énergies)

Les premières compagnies d'électricité et de l'aval gazier – les compagnies pétrolières étant surtout présentes dans l'amont gazier – ont une taille six fois inférieure à celle des majors pétrolières. Les différences en matière de profits sont également très nettes : le pétrole est plus rentable que l'électricité et que la vente de gaz naturel aux clients finaux. C'est pourquoi les compagnies pétrolières investissent peu dans l'électricité. Total a fait une incursion sur le marché français de l'électricité au moment de son ouverture, mais s'en est rapidement désengagé, estimant qu'il n'offrait pas de perspectives attrayantes. Si le secteur électrique était plus rentable, l'industrie pétrolière envisagerait alors probablement d'y investir massivement, ses moyens financiers colossaux lui permettant d'acquérir des compagnies d'électricité de premier plan.

EDF a perdu son leadership européen

Depuis l'ouverture à la concurrence, ces entreprises ont changé de dimension à la suite de nombreuses fusions et acquisitions. Le secteur européen des utilities s'est fortement concentré en quelques années. Ce sont d'ailleurs les fusions-acquisitions qui expliquent les changements dans la hiérarchie européenne. E.ON a ainsi détrôné EDF de la première place européenne après le rachat de plusieurs sociétés.

Avec un chiffre d'affaires proche de 65 milliards d'euros en 2006, E.ON est la première utilities en Europe, cette place lui étant assurée par ses nombreux investissements à l'international. Les compagnies allemandes et françaises dominent d'ailleurs nettement le palmarès européen avec les quatre premières places.

Les 10 premières compagnies européennes d'électricité et de l'aval gazier* en 2006

Rang	Compagnies	Pays	Chiffre d'affaires consolidé (en MEUR**)	Résultat net consolidé (en MEUR**)
1	E.ON	Allemagne	64197	5393
2	EDF	France	58932	5775
3	Suez	France	44289	4207
4	RWE	Allemagne	42871	4030
5	Enel	Italie	38513	3120
6	Gaz de France	France	27642	2322
7	Centrica	Royaume-Uni	24131	- 2268
8	Endesa	Espagne	19637	3633
9	Vattenfall	Suède	15756	2143
10	Iberdrola	Espagne	11017	1686

* vente aux clients finaux ** millions d'euros

Pour ou contre le nucléaire ?

Le recours au nucléaire est certainement le sujet le plus épineux concernant l'industrie de l'énergie. À la question de savoir si cette source d'énergie doit être utilisée, les arguments – quelle que soit la réponse – peuvent être scientifiques, économiques ou éthiques. Ce sujet divise aussi bien la communauté scientifique que l'opinion publique en deux clans : pro- et antinucléaires, et il soulève nombre de questions.

L'indépendance énergétique

S'il est incontestable que le nucléaire améliore nettement le degré d'indépendance énergétique de pays comme le Japon et la France, la plupart des nations y recourant massivement ont peu ou pas de réserves d'uranium dans leur sol. Ce problème n'est donc pas totalement résolu même si les risques de rupture d'approvisionnements sont limités grâce à la répartition équilibrée des réserves.

La gestion des déchets

Actuellement, la question de la gestion des déchets hautement radioactifs à vie longue (HAVL) n'est pas réglée dans la plupart des pays, en particulier en France. Sur ce thème, les recherches se poursuivent.
« La loi du 31 décembre 1991 – reprise par l'article L.542 du Code de l'environnement – prescrit une gestion de ces déchets dans le respect de la nature, de l'environnement, de la santé et des droits des générations futures, et définit trois axes de recherche pour cet objectif :

– la réduction de la période de toxicité de ces déchets par séparation et transmutation des éléments radioactifs de longue vie qui les composent ;
– le stockage dans des formations géologiques profondes ;
– le conditionnement et l'entreposage de longue durée en surface, dans l'attente d'une solution pour réduire la toxicité à long terme de ces déchets.

Le bilan de ces recherches devra faire l'objet d'un rapport du gouvernement dans un délai de quinze ans à dater du 31 décembre 1991. En fonction de ce bilan, le gouvernement devra élaborer le cas échéant un projet de loi qui autorise la création d'un centre de stockage des déchets HAVL et en fixe les servitudes » (selon le document de présentation du rapport annuel de l'autorité de sûreté nucléaire, mars 2004). Le site de Bure (Meuse) a été choisi pour abriter le laboratoire souterrain devant permettre le stockage en formation géologique profonde.

L'absence de solution pour les déchets HAVL est le principal argument des antinucléaires. «*Le nucléaire, c'est un cadeau plus qu'empoisonné. Avec des déchets qu'on veut enfouir dans le sous-sol comme on glisse la poussière sous le tapis, mais pour un million d'années!*» selon le professeur Albert Jacquard (in *Sortir du nucléaire*). La question est donc de savoir si nous pouvons léguer aux générations futures les déchets que nous générons actuellement pour la satisfaction de nos besoins énergétiques. Si les pronucléaires parient sur les succès de la science, à terme, pour éliminer la radioactivité, les antinucléaires s'interrogent sur cette éventualité et soulignent le problème de la conservation de la mémoire des sites de stockage et d'entreposage. Si l'option de l'enfouissement à grande profondeur est retenue, comment garantir que les déchets soient accessibles dans cent ans pour être traités (si toutefois la technologie le permet)? De leur côté, les pronucléaires font remarquer, à juste titre, que cette source d'énergie est loin d'être la seule industrie à générer des déchets dont la gestion est très difficile. Ainsi, le CO_2 a une durée de vie d'une centaine d'années.

La sûreté

Si l'industrie nucléaire n'est pas la seule à produire des déchets qu'on a du mal à gérer ensuite, le potentiel de destruction de ses produits en fait, néanmoins, une industrie à part. Les accidents sont, heureusement, très rares. Bien que le bilan humain et les conséquences de l'accident de Tchernobyl soient difficiles à évaluer, la production de charbon a vraisemblablement fait plus de victimes que le nucléaire (coup de grisou, effondrement de galeries, etc.), dont la dangerosité est sans commune mesure avec celle des autres énergies.

Les pronucléaires estiment que les risques sont extrêmement faibles et font de l'amélioration de la sûreté une priorité. «*Le renforcement de la protection de l'EPR contre la fusion du cœur comprend d'abord des dispositions préventives reposant sur des équipements de sûreté qui réduisent la probabilité d'accidents graves – déjà infime sur les réacteurs existants, notamment les tranches N4 et KONVOI – d'un facteur 10.*» «*L'EPR offre une protection particulièrement efficace contre les agressions externes.*» «*En cas de chute d'avion, le bâtiment réacteur, la salle de commande, le bâtiment de stockage du combustible usé et deux des quatre bâtiments de sauvegarde seraient protégés par une coque externe pour résister à l'impact.*» «*Face au risque sismique, l'EPR est doté de larges marges de sûreté.*» [Extraits du dossier de presse du réacteur nucléaire de nouvelle génération, EPR, de Framatome-ANP (groupe Areva)].

Certes, les contraintes de sécurité sont draconiennes dans les économies développées. Mais qu'en est-il ailleurs? De nombreux réacteurs de technologie soviétique qui équipent les pays de l'Est présentent dans ce domaine des insuffisances notoires. L'Europe se penche sur ce problème, mais les travaux sont longs faute de financements suffisants. Si la sécurité des installations est – semble-t-il – assurée dans les pays dits développés, le risque zéro n'existe pourtant pas.

L'acceptabilité sociale

Le baromètre d'opinion réalisé par le CREDOC en janvier 2006, à la demande de l'Observatoire de l'énergie (ministère de l'Industrie), sur le thème «Les Français et l'énergie» révèle que l'opinion publique est partagée. À la question : «*Selon vous, le choix du nucléaire pour produire les trois quarts de l'électricité en France présente-t-il des avantages ou plutôt des inconvénients?»*, 45 % des personnes interrogées trouvent plutôt des avantages, et 42 %, des inconvénients, le solde étant indécis. 39 % des sondés estiment que le principal inconvénient du nucléaire est la production et la gestion des déchets radioactifs. Enfin, sur le thème de la sécurité, les risques d'un accident grave dans une centrale nucléaire française sont jugés importants par 27 % des personnes interrogés en 2003, contre 70 % dans les années 1990.

La défiance d'une partie de l'opinion publique prend différentes formes. En 1996, les habitants de Maki, au Japon, se sont opposés, par référendum, à l'implantation d'une nouvelle centrale sur leur territoire. Au Royaume-Uni, UK Nirex, l'entreprise responsable de la gestion des déchets nucléaires, a été contrainte de renoncer à son projet de construction d'un laboratoire souterrain de recherche à Longlands Farm, les autorités lui ayant refusé le permis de construire sous la pression de l'opinion. En Allemagne, le transport de matières radioactives déclenchent systématiquement une vive opposition de la part des antinucléaires.

La gestion des situations de crise par les opérateurs est également à l'origine de la réticence d'une partie de la population, l'industrie nucléaire étant souvent perçue comme opaque. Ce manque de transparence est, d'ailleurs, en partie fondé. On se souvient de l'annonce par les autorités de l'arrêt du nuage radioactif de Tchernobyl à la frontière française.
À l'étranger, les situations décrédibilisant la filière sont également nombreux. En 2000, BNFL – British Nuclear Fuel Limited, l'équivalent britannique de Cogema – a reconnu avoir falsifié des documents concernant des contrôles de sécurité. L'autorité de sûreté nucléaire évoque dans son rapport des «défaillances systématiques de gestion» en matière de fabrication de MOX (mélange d'uranium et de plutonium utilisé comme combustible) et de « graves erreurs » dans la manière de gérer les rejets radioactifs sur le site de Hinkley Point. De même, au Japon, les autorités ont mis en exergue l'attentisme de plusieurs opérateurs qui ont tenté de dissimuler la portée de plusieurs incidents et accidents dans les années 1990 et 2000.

Sous la pression de l'opinion publique, plusieurs pays ont renoncé au nucléaire. La Suède a arrêté son programme en 1980 après un référendum. La nouvelle coalition arrivée au pouvoir en Allemagne en 1998 a entamé un programme de sortie du nucléaire. L'Italie a également renoncé à cette énergie après Tchernobyl.

Le bilan environnemental

La production d'électricité à partir de l'énergie nucléaire n'émet que très peu de GES en comparaison avec les moyens de production thermique. Sur ce point, pro- et antinucléaires se rejoignent. Le débat reste néanmoins entier sur la production de déchets radioactifs, potentiellement dangereux pour l'environnement.

La compétitivité du nucléaire

C'est l'un des principaux arguments avancés par ses défenseurs. Le coût de production dit complet du kWh nucléaire est de l'ordre de 3 à 4 centimes d'euro, alors que celui des moyens les plus compétitifs (hors hydroélectricité) est nettement plus élevé (surtout quand le prix des combustibles fossiles est élevé). Le coût du nucléaire est considéré comme complet car il intègre les frais du démantèlement des installations nucléaires et de la gestion des déchets. Toutefois, on peut s'interroger sur la pertinence des estimations de ces frais étant donné qu'aucune centrale de grande taille n'a encore été démantelée et que l'on ne sait toujours pas quoi faire des déchets HAVL à ce jour. En outre, les antinucléaires rappellent que ces coûts n'intègrent pas les montants colossaux engloutis par la recherche (entre 50 et 100 milliards d'euros depuis 1946).

C'est pour des raisons économiques et financières que le nucléaire devrait connaître une phase de relance dans les pays industrialisés.

La flambée du cours des combustibles fossiles et le coût de la gestion du CO_2 renchérissent fortement le coût de production de l'électricité des centrales thermiques classiques. Le nucléaire est donc actuellement très compétitif et de nombreux pays ainsi que la plupart des compagnies d'électricité souhaitent investir dans cette filière à moyen terme. Les projets et les annonces se multiplient depuis quelques mois.

Un débat toujours d'actualité

Les antinucléaires proposent de sortir du nucléaire par une série de mesures : réduire les consommations d'énergie, développer les renouvelables, recourir aux énergies fossiles les plus performantes en matière environnementale, etc. Chacune de ces propositions est aussi défendable et attaquable que les arguments des pronucléaires. Ainsi, les ENR ne resteront que des énergies de complément (parfois dans des proportions fortes) en raison de l'irrégularité de la production d'énergie (quand il n'y a pas de vent et de soleil). Elles ne peuvent pas à elles seules répondre à nos besoins. De la même manière, comment concilier, au moins en France, la limitation des rejets de CO_2 avec le remplacement du nucléaire par des énergies fossiles ?

Au final, il semble que le débat se résume à une seule question : comment choisir entre un risque « infime », mais aux conséquences potentiellement ravageuses (le nucléaire), et un risque certain (les GES), mais dont les conséquences sont longues à se dessiner et contre lesquelles des moyens de lutte peuvent être mis en œuvre ? Cette question mériterait un débat plus franc et, pourquoi pas, dans le cadre d'une consultation nationale. Cette interrogation ne prend volontairement en compte que les considérations éthiques, les arguments économiques et financiers passant vraisemblablement au second plan dans un pays dit riche et développé.

Le cycle du combustible nucléaire

« De l'extraction de l'uranium au stockage des déchets radioactifs, le cycle du combustible nucléaire comporte une multitude d'opérations industrielles » (www.cea.fr).

La filière nucléaire est structurée selon les différentes étapes du cycle du combustible, qui sont regroupées en trois grandes phases :
– l'amont du cycle du combustible, qui correspond aux étapes de transformation de l'uranium en combustible ;
– le cœur du cycle, qui est l'étape de l'utilisation du combustible dans le réacteur nucléaire ;
– l'aval du cycle, qui correspond aux étapes de gestion de la fin de vie du combustible.

Le cycle du combustible nucléaire se déroule selon plusieurs étapes.

L'extraction

L'uranium est extrait de mines à ciel ouvert ou de galeries souterraines en Australie, au Kazakhstan, au Canada, en Afrique du Sud et au Brésil notamment. Les roches extraites contiennent, généralement, peu de minerais. La concentration en uranium naturel est de l'ordre de 0,2 % à 2 % et de 14 % dans quelques mines exceptionnelles au Canada. Des opérations de concentration sont alors effectuées sur l'uranium naturel pour le transformer en oxyde d'uranium (U_3O_8). Le minerai est broyé puis dissous dans l'acide sulfurique pour obtenir une poudre jaune, appelée *yellow cake*, qui contient au moins 60 % d'uranium.

La conversion

Le *yellow cake* – ou uranium concentré – contient encore des impuretés diverses qui le rendent inutilisable en l'état. Il doit donc être purifié lors d'opérations de conversion.

L'enrichissement

L'uranium naturel est un mélange de deux isotopes (ou atomes) : l'U238 et l'U235 dans des proportions respectives de 99,3 % et 0,7 %. Seul l'uranium U235 subit facilement le phénomène de la fission à l'origine de la production d'énergie dans le cœur du réacteur nucléaire. Pour fonctionner, les réacteurs requièrent un uranium plus riche en U235. L'enrichissement consiste donc à augmenter la proportion d'U235 jusqu'à 3 % ou 4 %.

La fabrication du combustible

L'uranium enrichi est transformé en pastilles qui sont introduites dans de longs tubes métalliques pour former des crayons, lesquels sont à leur tour réunis et maintenus à l'aide de grilles pour former un assemblage. Le cœur d'un réacteur de 900 MW comporte 157 assemblages qui comprennent chacun 264 crayons, chaque crayon renfermant 272 pastilles.

Le cœur du réacteur

Les assemblages vont séjourner pendant plusieurs années dans le réacteur pour produire l'électricité.

Le retraitement

Cette étape est une alternative au stockage en l'état des combustibles usés. À leur arrivée au centre de retraitement, ceux-ci sont plongés dans une piscine, pour une durée de deux ans au minimum, pour permettre la poursuite de la désactivation. Les crayons sont ensuite coupés en petits morceaux et le combustible proprement dit est dissous dans des solutions d'acide afin de séparer l'uranium, le plutonium et les déchets (produits de fission). Sur 100 kg de combustibles usés, on récupère ainsi 96 kg d'uranium, 1 kg de plutonium et 3 kg de produits de fission (déchets ultimes). L'uranium et le plutonium peuvent ensuite être réintroduits dans le cycle du combustible ou être utilisés pour des usages militaires. Le retraitement permet ainsi de récupérer des matières énergétiques et de limiter le volume des déchets.

La gestion des déchets nucléaires

Est appelé déchet nucléaire toute matière dont la radioactivité ne permet pas un rejet direct dans l'environnement et dont on ne prévoit pas d'utilisation ultérieure dans l'industrie nucléaire.
On distingue trois types de déchets. Les déchets de très faible activité proviennent notamment des résidus du traitement des minerais, de ferrailles et de gravats d'atelier et représentent de gros volumes. Les déchets de faible et moyenne activité à vie courte (quelques dizaines d'années) sont générés par l'exploitation et la maintenance des centrales nucléaires. Ils sont compactés et mis en fûts métalliques quand leur radioactivité est faible. Lorsque celle-ci est plus importante, les déchets sont enrobés dans du béton ou des résines et confinés dans des conteneurs en béton. Enfin, les déchets à vie longue (de quelques centaines d'années à plusieurs millions d'années) et/ou hautement radioactifs sont constitués des gaines entourant le combustible, des combustibles usés quand ils ne sont pas retraités et des produits de fission. Ils sont conditionnés dans du béton et/ou vitrifiés. Dans de nombreux pays, ils sont stockés sur le lieu même de leur traitement avant de trouver une solution de stockage définitif.

Cycle simplifié actuel du combustible nucléaire en France

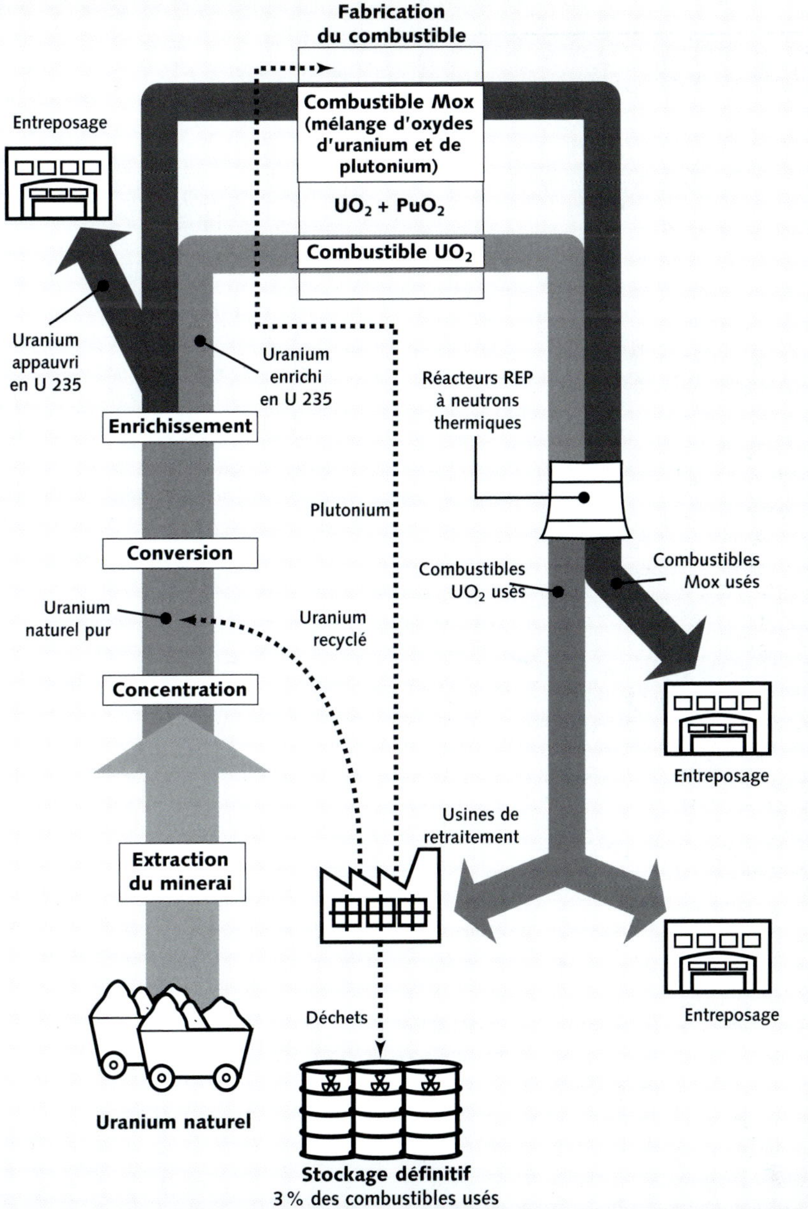

Source : 2004 - www.cea.fr

Lexique

[AIE]
Agence internationale de l'énergie.

[CME]
Conseil mondial de l'énergie.

[CO_2]
Dioxyde de carbone.

[Cogénération]
Production conjointe d'électricité et de vapeur.

[Dépendance énergétique]
Désigne la situation d'un pays qui se trouve dans l'obligation d'importer tout ou partie de l'énergie dont il a besoin, faute de production.

[Électricité verte]
Électricité produite à partir d'énergie renouvelable.

[ENR]
Énergies nouvelles et renouvelables.

[EPR]
European Pressurised Reactor. Projet franco-allemand de réacteur nucléaire de troisième génération.

[Fission nucléaire]
Séparation d'un noyau atomique lourd en plusieurs noyaux légers. Principe actuel de la production d'énergie d'origine nucléaire.

[Fusion nucléaire]
Fusion de deux noyaux d'atomes pour former un noyau d'atome plus lourd.

[GES]
Gaz à effet de serre (CO_2, NOx, etc.).

[GNL]
Gaz naturel liquéfié.

[kWh]
Kilowattheure, unité de mesure de l'électricité.

[Majors]
Nom global des grandes firmes pétrolières transnationales intégrées verticalement. Historiquement d'origine américaine, les sept majors traditionnelles – surnommées les *seven sisters* (« sept sœurs » : Standard Oil of New Jersey, Standard Oil of California, Texaco, GulfMobil, Royal Dutch Shell, Chevron, British Petroleum) – ont dominé l'industrie pétrolière pendant la première moitié du XXe siècle.

[Marché spot]
Marché des transactions au jour le jour.

[Méthanier]
Navire de transport du gaz naturel liquéfié.

[OCDE]
Organisation de coopération et de développement économiques.

[Off-shore]
En mer. Une éolienne est dite offshore si elle est installée en mer.

[On-shore]
Terrestre. Une éolienne est dite onshore si elle est installée sur terre.

[OPEP]
Organisation des pays exportateurs de pétrole. Elle compte 11 membres : Algérie, Arabie saoudite, Émirats arabes unis, Indonésie, Iraq, Iran, Koweït, Libye, Nigeria, Qatar et Venezuela. Son rôle est d'assurer un niveau de prix jugé raisonnable en agissant sur la production, *via* des quotas.

[Pétroles non conventionnels]
Désigne certaines qualités de pétrole coûteuses à exploiter comme les schistes bitumineux et les bruts extralourds.

[Photovoltaïque]
Production d'électricité à partir de l'énergie solaire.

[Pipelines]
Réseaux de canalisations permettant d'acheminer le pétrole et le gaz naturel. Dans le cas du pétrole, on parle d'oléoduc et, dans le cas du gaz, de gazoduc.

[Raffinage]
Ensemble des procédés de traitement des pétroles bruts. Après le raffinage du pétrole, de nombreux produits sont obtenus : naphta (matière première pour l'industrie chimique), essence, kérosène, fioul, etc.

[Rente différentielle]
Aussi appelée « rente de Ricardo », c'est un avantage dont bénéficient certaines unités de production (gisement, site hydroélectrique…) par rapport à d'autres. Chacune de ces unités possède une rente différentielle propre qui est la différence entre le prix de marché et ses coûts de production. Ce « don de la nature » ne rémunère aucun facteur de production spécifique et identifié ; il procède seulement de la situation de l'unité de production.

[Réserves prouvées]
Gisement dont l'existence est physiquement prouvée (grâce à l'exploration) et dont les ressources sont exploitables aux conditions économiques actuelles.

[Réserves probables]
Gisement dont l'existence est jugée probable en raison des connaissances géologiques et dont les ressources seront à l'avenir exploitables économiquement.

[Tanker et supertanker]
Navires de transport du pétrole.

[Utilities]
Terme anglais désignant les services collectifs (électricité, distribution et fourniture de gaz naturel, gestion des déchets, gestion de l'eau). Par extension, ce terme désigne également les entreprises assurant tout ou partie de ces services.

LES UNITÉS

[bl]
Baril.
[bep]
Baril équivalent pétrole.
[bl/j]
Baril par jour
(1 bl/j = 50 t/an).
[G]
Giga.
[GWh]
= 10^3 MWh = 10^6 kWh
= 10^9 Wh.
[k]
Kilo.
[KWh]
= 10^3 Wh.
[M]
Méga.
[MWh]
= 10^3 kWh = 10^6 Wh.
[T]
Téra.
[t]
Tonne (7,3 bep = 1 tep).
[tep]
Tonne équivalent pétrole.
[TWh]
= 10^3 GWh = 10^6 MWh
=10^9 kWh = 10^{12} Wh.
[Wh]
Watt/heure.

Les équivalences énergétiques

Produits énergétiques	Tonne équivalent pétrole
Charbon (une tonne) :	
Coke de houille	0,677
Houille	0,619
Lignite	0,405
Produits pétroliers (une tonne) :	
Pétrole brut	1,000
GPL	1,095
Essence moteur et carburants	1,048
Fiouls lourds	0,952
Coke de pétrole	0,762
Gaz naturel (1 000 m³)	0,9
Électricité (MWh)	0,222

Index

Afrique 13, 15, 16, 17, 20, 44, 59
Agence de l'environnement et de la maîtrise de l'énergie (Ademe) 85
Agence internationale de l'énergie (AIE) 76, 85, 94
Agence internationale de l'énergie atomique (AIEA) 39
Alekperov (Vagit) 58
Amérique du Nord 12, 14, 15, 16, 17, 42, 108, 110
Amérique latine 13, 15, 16, 17, 44, 66
Amoco 27, 71
Amoco Cadiz 78
APX 70
Arabie saoudite 31, 52, 53, 56, 57, 59, 66, 69
Architecture bioclimatique 85
Arco 27, 71
Asie 12, 15, 16, 17, 31, 42, 108, 110
Asie centrale 53-57
Atome 34
Attentats 52
Autorités de régulation nationales 66
Barrage des Trois-Gorges 96, 97
Becquerel (Henri) 34
Bilan énergétique mondial 8, 16, 22
Biocarburants 99, 100
Biodiesel 99
Biomasse 10, 16, 22, 86
Brent 11, 67
British Petroleum (BP) 27, 53, 71, 113
Brut extra-lourd 43
Bush (administration) 58, 81
Bush (George W.) 81
Cadarache (centre CEA de) 92, 106
Capacités de raffinage 17
Cartel 28, 29, 69
Caspienne (mer) 57, 59
Centrale électrique 14
Centrale marémotrice 103, 104
Centrale nucléaire 22
Chadwick (James) 34
Charbon 10, 15, 16, 21, 22, 26, 33, 96, 110
Cheney (Dick) 58
Chevron 27, 113
Chine 20, 44, 53, 56, 94, 96, 97
Chocs pétroliers 29-31, 37
Climat 20, 76, 82, 86
Clinton (administration) 81
CO_2 23, 82, 83, 86, 87, 99, 100, 118, 120
Cogénération 84
Colza 99
Combustible nucléaire 121-123
Combustibles fossiles 10
Commissariat à l'énergie atomique (CEA) 35
Compagnies d'énergie 113-116
Concentration 71, 72
Conflits 51
Consommation d'énergie 14-22
Consommation mondiale 12, 15
Contre-choc pétrolier 30, 37
Coûts de production 112
Coûts d'extraction 18, 44
Coûts techniques 112
Curie (Marie) 34
Curie (Pierre) 34
Cycle du combustible nucléaire 121-123
Déchets radioactifs 87, 117
Déforestation 22
Dégâts écologiques 78, 79
Dégazages 79
Dépendance énergétique 16, 28, 44, 58, 109
Derrick 27
Deutérium 105
Développement durable 13
Dioxyde de carbone 76
Diversification des approvisionnements (stratégie de) 47, 58-59
Dubayy 67
Échanges mondiaux de gaz 48-49
Échanges mondiaux de pétrole 44, 46-47
Économies d'énergie 83, 84, 85
Edison (Thomas) 32
Effet de serre 76
Électricité 22, 32-33, 66, 69
Électricité de France (EDF) 33, 64, 66, 73, 91, 116, 120
Électricité verte 90
Elf 28, 66, 71
Émissions gazeuses 76, 86
Endesa 66
Enel 66
Énergie de stock 10
Énergie éolienne 10, 86, 88, 89
Énergie finale 11
Énergie primaire 10, 21-22
Énergie secondaire 10
Énergie solaire thermique 10, 89
Énergies de flux 10
Énergies fossiles 14, 108-112
Énergies nouvelles et renouvelables (ENR) 10, 13, 16, 86-91, 95, 120
Énergie thermique 104
Énergie utile 11
ENI (Société nationale italienne des hydrocarbures) 28
Enron (affaire) 73
Environnement 23, 76-79
E.ON 60, 71, 72, 73
Épuisement des ressources 23, 108
Équivalences énergétiques 125
Erika 78, 79
États-Unis 19, 20, 23, 44, 47, 51, 53, 56, 57, 58, 59, 81, 102, 114
Éthanol 99
Étoiles (énergie des) 105
Europe 12, 14, 15, 16, 17, 20, 23, 42, 44, 53, 56, 80, 109, 110
Evans (Donald) 61
Extrémisme religieux 52
Ex-URSS 13, 14, 15, 23, 109
Exxon Mobil 27, 56, 71, 113, 114
Exxon Valdez 78
Ferme éolienne 74, 91
Fermi (Enrico) 34, 35
Filière nucléaire 121
Financiarisation 67, 82, 85
Fiscalisation 85
Fission nucléaire 34
Flambée des cours 69
Forages sous-marins 103
France 20
Frisch (Otto Robert) 34
Fusion thermonucléaire 105-107
Gaspillage 61, 83, 84

Gaz à effet de serre (GES) 76, 80, 82, 98, 102
Gaz de France (GDF) 64, 66, 72, 73
Gaz naturel 10, 14, 15, 16, 21, 22, 23, 42, 60, 61, 66, 69, 95, 108, 109, 110
Gaz naturel liquéfié (GNL) 48
Gazoduc 23
Gazprom 60
Géothermie 88, 107
Gisements 43
Gisements offshore 103
Graphite 34
Groupe intergouvernemental d'experts sur l'évolution du climat (GIEC) 76, 77
Guerre du Kippour 29
Guerres du Golfe (première et seconde) 31, 50, 51
GUUAM 57
Hahn (Otto) 34
Horns Rev 91
Hydroélectricité 10, 15, 16, 87
Industrie 21, 22
Industrie houillère 26
Industrie pétrolière 26-28
Inégalités 18-20
Ines (échelle) 39
Institut de radioprotection et de sûreté nucléaire (IRSN) 39
Insull (Samuel) 32
Internationalisation 72, 73
Ioukos 53, 56
IPE (International Petroleum Exchange) 62, 67, 68
Iran 51, 66
Iraq 31, 51, 52, 59, 66
Isotope 105
Iter (projet) 105, 106, 107
Ivanov (Igor) 56
Japon 20, 53, 56, 102
Jet 107
Joliot-Curie (Frédéric) 34
Joliot-Curie (Irène) 34
Kharrazi (Kamal) 56
Khodorkovski (Mikhaïl) 56
Koweït 31, 51, 52, 66
Kyoto (protocole de) 80-82
Lay (Kenneth) 73
Lit fluidisé circulant 21
Lithium 105
Lobbying 56, 58, 65
Lois antitrust (lois Sherman) 26, 28
Majors 26, 27, 28
Marchés de l'énergie 64-66
Marché spot 50, 67
Marées 103
Marées noires 78, 79
Mer (énergie de la) 103-104
Méthane 76, 82
Méthanier 50
Méthanisation 105
Mix énergétique 90
Mode de vie 20
Moyen-Orient 13, 15, 16, 17, 23, 42, 43, 44, 52
Neutron 34
Norvège 43
NOx 23, 86
Nuage radioactif 39
Nucléaire 15, 16, 22, 34, 87, 96, 117-123
Nucléaire civil 35, 36-37
NYMEX (New York Mercantile Exchange) 68
Oléoduc 23, 46, 52, 56
Oligarques 53, 56
Oligopole 73
Organisation des pays exportateurs de pétrole (OPEP) 28, 29, 30, 31, 53, 56, 57, 59, 66, 68, 69, 111
Ouverture à la concurrence 64, 65
Panneaux solaires 90
Pavillons de complaisance 79
Pays consommateurs 28, 44, 56
Pays économes 20
Pays émergents 20, 23
Pays producteurs 28, 44
Pétrodollars 30, 50
Pétrole 10, 14, 15, 16, 22, 23, 27, 42, 43, 44, 57, 58, 59, 66, 95, 97, 108, 109, 111, 112
Photovoltaïque 10, 11, 13, 87
Pile à combustible 23, 99, 101
Pile nucléaire 34
Pipelines 27, 56, 61
Plasma 105, 106
Plates-formes pétrolières 8, 11
Plutonium 34, 35, 122
Pollueur-payeur (principe du) 79
Pollution 23, 98
Polonium 34
Pompe à chaleur 104
Poussières 23
Poutine (Vladimir) 58
Powernext 69, 70
Privatisations 66
Prix de l'énergie 67-70
Producteurs de charbon 112
Producteurs de gaz naturel 111
Producteurs de pétrole 111
Production d'électricité 21
Projections 94-97
Proton 34
Qatar 18
Quotas 69, 82, 85
Radium 34
Réacteurs BWR 36
Réacteurs EPR 37
Réacteurs nucléaires 16, 34, 35, 36, 37
Réacteurs PWR 35, 36
Réacteurs RBMK 36, 39
Réacteurs VVER 36
Réchauffement planétaire 23, 76, 77, 78, 82, 86
Rente pétrolière 18, 28, 29, 45
Réserves 23, 42-43, 44, 108, 115
Risques de tensions 51-52
Rockefeller (John D.) 26, 28
Royal Dutch Shell 27
Russie 20, 42, 53, 56, 57, 60-61, 81
Rutherford (Ernest) 34
RWE 60, 71, 73
Sabotages 52
Schiste bitumineux 43
Schumer (Charles) 58
Sea Empress 78
Secteur résidentiel et tertiaire 21, 22
Shell 115
SO_2 23, 86
Standard Oil 26, 28
Stocks stratégiques 50
Strassmann (Fritz) 34
Tanker 47, 67
Tchernobyl (catastrophe de) 37, 38-39
Tep 10
Terrorisme 52
Texaco 71, 113
Thomson (Joseph John) 34
Tore Supra 107
Torrey-Canyon 78
Total 71, 113
Transgas 60
Transports 22, 98-102
Tritium 105
Uranium 10, 34, 121
Utilities 116
Vagues 103
Véhicules électriques 102
Véhicules propres 98, 99
Volatilité des prix 68, 70
Zola (Émile) 26

Bibliographie

Chevallier Agnès, *le Pétrole,* La Découverte, collection Repères, 1986.

Agence internationale de l'énergie, *World Energy Outlook 2002,* OCDE, 2002.

Agence internationale de l'énergie, *Key World Energy Statistics 2003,* OCDE, 2003.

BP (British Petroleum), *BP Statistical Review of World Energy,* 2010.

Faberon Jean-Yves et **Lesourd Jean-Baptiste,** *la Maîtrise de l'énergie,* Presses Universitaires de France, Que sais-je ?,1994.

Martin Jean-Marie, *l'Économie mondiale de l'énergie,* La Découverte, collection Repères, 1990.

Vernier Jacques, *les Énergies renouvelables,* Presses Universitaires de France, Que sais-je ?, 1997.

Revue

La Revue de l'énergie, Les éditions techniques et économiques.

Sites Internet

Agence de l'environnement et de la maîtrise de l'énergie : www.ademe.fr

British Petroleum : www.bp.com

Commissariat à l'énergie atomique : www.cea.fr

Institut français du pétrole : www.ifp.fr

International Energy Agency : www.iea.org

Ministère de l'Économie, des Finances et de l'Industrie, secrétariat d'État à l'Industrie : www.industrie.gouv.fr

La Documentation française : www.ladocumentationfrançaise.fr

Observatoire des énergies renouvelables : www.observ-er.org

World Energy Council : www.worldenergy.com

Crédits des illustrations

Photographies

Couverture Bandeau g.© F. Prochasson/Fotolia.com ; Bandeau m. ht © bright/Fotolia.com ; Bandeau m. bas g. © M. Shake/Fotolia.com ; Bandeau m. bas d. © innovari/Fotolia.com ; Bandeau d. © iamtheking/Fotolia.com ; p.1 © J. Sugar/Cosmos ; p. 3 © K. Dannmeller/ Rea ; p. 4-5 © P. Meunier/Cosmos ; p. 9-10 © J. Dickman/ Corbis ; p.11 © C. Sattleberger/ Azenberger/Cosmos ; p. 13 © E. Miller/Rea ; p.14 © A. Devouard/Rea ; p.18 © M.T. Sedam/Corbis ; p. 19 © P. Maitre/Cosmos ; p. 25-26 © Archives Larbor ; p. 27 © Popperfoto/ Cosmos ; p.28 © Bettmann/Corbis ; p.31 © L. Addario/Corbis ; p. 33 © A. Devouard/Rea ; p. © 35 Archives Larbor ; p.38 © SPL/Cosmos ; p. 40-41 © P. Turnley/Corbis ; p.45 © G. Steinmetz/Cosmos ; p. 50 © D. Joubert/ Rea ; p. © 52 N. Hannes/Reporters/Rea ; p.56 © M. Japaridze/ Sipa Press ; p. 58 © D. Karp/Sipa Press ; p.60-61 © F. Cevallos/Corbis/Sygma ; p. 62-63 © B. Decout/Rea ; p. © 65 S. Ortola/Rea ; p. 67 © M. Nash/AP/Sipa Press ; p. 68 © Sipa Press ; p. 71 © Dallal/Sipa Press ; p. 73 © M. Stravato/AP/Sipa Press ; p. © 74-75 Maclean/SPL/ Cosmos ; p. 77 © SPL/Cosmos ; p. 78 © P. Maitre/Cosmos ; p. 79 © Ludovic/Rea ; p. 81 © A. Rain/EPA/ Sipa Press ; p. 84 © M. Schamberg/Visum/ Cosmos ; p. 87 © P. Gleizes/Rea ; p. 88-89 © NPHA Photographe/ Cosmos ; p. © 90 Anzenberger/Cosmos ; p.91 © P. Landrock/LAIF/Rea ; p. 92-93 © Ludovic/Rea ; p. 96 © Liu Liqun/Corbis ; p. 98 © F. Henry/Rea ; p. 100 © M. Jolyot/Rea ; p. © 101 M. Fourmy/Rea ; p. 102 © M. Fourmy/Rea ; p. 104 © SPL/Cosmos ; p. 106 © SPL/Cosmos ; p. 107 © SPL/Cosmos

Imprimé en France par IME (Baume-les-Dames)
Dépôt légal : février 2011
306572-01/11014016 - Janvier 2011